ARITHMÉTIQUE APPLIQUÉE

RECUEIL MÉTHODIQUE

PAR G. ROBERT LAPIERRE

ARITHMÉTIQUE APPLIQUÉE

2ᶜ SÉRIE

LIVRE DE L'ÉLÈVE

L'ARITHMÉTIQUE APPLIQUÉE.

2º SÉRIE

LE LIVRE DU MAITRE

CONTIENT LES SOLUTIONS RAISONNÉES DE TOUS LES PROBLÈMES
DU LIVRE DE L'ÉLÈVE

TABLE DES MATIÈRES

PREMIÈRE PARTIE

BREVET ÉLÉMENTAIRE

DEUXIÈME PARTIE

BREVET SUPÉRIEUR

TROISIÈME PARTIE

EXAMENS DE L'ANNÉE 1887

AVERTISSEMENT

Le Recueil de problèmes que nous avons publié sous le titre d'*Arithmétique appliquée*, a été accueilli avec une grande faveur, et des témoignages nombreux sont venus reconnaître que cet ouvrage rendait de vrais services aux maîtres et aux élèves. C'est dans l'espérance de continuer à être utile que nous nous sommes décidé, malgré l'aridité de ce travail, à réunir dans un nouveau volume les problèmes proposés, depuis la publication du premier, dans les examens du Brevet élémentaire et du Brevet supérieur, c'est-à-dire pendant les années 1884, 1885, 1886 et 1887.

Nous reproduisons ici les observations que nous avons exposées sur la résolution des problèmes, dans le précédent volume. Nous prenons la liberté d'en recommander la lecture aux candidats; nous osons dire qu'elle ne sera pas sans profit pour leur succès.

Nous y ajoutons des conseils et des exemples sur le calcul des nombres complexes, pour apprendre aux élèves à y mettre plus d'ordre et de clarté qu'ils ne font habituellement.

Un chapitre sur les monnaies et les alliages ne sera point non plus sans utilité; il est suivi du tableau des monnaies des divers États.

Dans ce nouveau recueil on ne trouvera que les énoncés des questions, sans aucune réponse; c'est sur la demande d'un certain nombre de maîtres que nous avons fait cette omission. Les solutions développées forment un volume séparé.

C'est pour le même motif que nous avons aussi classé, dans une première partie, les problèmes destinés à l'examen du brevet élémentaire, et dans une deuxième partie ceux qui se rapportent plus particulièrement à l'examen du brevet supérieur. La première partie comprend les sept premiers chapitres; les six chapitres suivants composent la deuxième partie.

Quant aux examens de l'année 1887, pour lesquels le choix des sujets a été rendu aux Académies, nous avons pensé qu'il y aurait intérêt à joindre la question de théorie au problème pour le Brevet élémentaire et la question de sciences physiques ou naturelles à la question de mathématiques pour le Brevet supérieur.

On y verra quelle diversité il y a entre les épreuves proposées dans les départements et combien varie le niveau des connaissances qu'elles supposent chez les candidats. Ce sera pour eux un motif de ne pas enfermer la préparation de leur examen dans un cadre tracé à la lettre des programmes.

ARITHMÉTIQUE APPLIQUÉE

LIVRE DE L'ÉLÈVE

CONSEILS POUR LA RÉSOLUTION DES PROBLÈMES.

1° Présentez le raisonnement avec la plus grande concision, en omettant tous les détails inutiles; faites des phrases courtes, en évitant l'emploi des pronoms et des conjonctions.

2° Ne remplacez jamais dans le corps d'un raisonnement les mots *plus, moins, multiplié par, divisé par, égale* par les signes ($+$, $-$, $\times$, $:$, $=$); réservez ces signes pour les placer seulement entre les nombres.

3° Écrivez les nombres avec les signes qui les rattachent entre eux au bout de la ligne, ou mieux sur une seule ligne, afin qu'on les distingue nettement des explications qui les précèdent et de celles qui les suivent.

4° Dans un raisonnement où se présente une multiplication, conservez scrupuleusement à chaque facteur sa fonction et sa place, en ne perdant pas de vue que le multiplicateur reste un nombre abstrait. Par exemple, ne dites jamais que pour trouver le prix de 64 mètres d'étoffe à 7 fr. le mètre, il faut *multiplier 64 mètres par 7 fr.*, langage qu'on entend répéter partout, quoiqu'il soit contraire au bon sens. Dites seulement : *il faut multiplier 7 fr. par 64*; car le prix cherché est égal à 64 fois 7 francs, ce qu'on écrit ainsi :

$$7^f \times 64 = 448^f.$$

1

N'oubliez pas de placer au-dessus de chaque nombre concret l'indication abrégée du nom de ses unités.

5° Supprimez sur la droite des nombres décimaux les zéros qui sont inutiles, afin d'avoir le moins de chiffres possible dans les opérations.

6° Lorsque dans un problème il est question d'un gain ou d'une perte de 1, 2, 3... pour cent, il faut vous rappeler que cette manière de parler signifie qu'on gagne ou qu'on perd 1, 2, 3... centimes par franc, ou encore que le gain ou la perte sont la 100° partie, 2 fois, 3 fois ... la centième partie de la somme à laquelle se rapporte le nombre donné pour cent.

7°. Il est utile de se rappeler que la division d'un nombre par par 2, 4, 5, 8 peut toujours être effectuée complètement et donner un quotient exact, soit en nombre entier, soit en nombre décimal. On se dispense ainsi de conserver le quotient sous la forme d'une fraction ordinaire, qui rend les calculs lourds et embarrassants.

8° Dans les calculs, il convient le plus souvent de remplacer les fractions ordinaires suivantes par leurs valeurs exactes en décimales :

$$\frac{1}{2} \text{ par } 0,5; \quad \frac{1}{4} \text{ par } 0,25; \quad \frac{3}{4} \text{ par } 0,75;$$

$$\frac{1}{5} \text{ par } 0,2; \quad \frac{2}{5} \text{ par } 0,4, \text{ etc.}; \quad \frac{1}{8} \text{ par } 0,125.$$

9° A la fin du problème, écrivez toujours la réponse seule sur une ligne, en ayant soin de supprimer tous les chiffres qui ne représentent rien de réel. Par exemple, si vous avez trouvé pour une somme demandée $7^f,4236$, vous vous bornerez à prendre $7^f,42$, en négligeant 36 dix-millièmes, qui expriment une quantité moindre qu'un demi-centime. Vous augmenterez de 1 le dernier chiffre conservé, quand il sera suivi d'un chiffre supérieur à 5.

NOTA. — Nous devons nous borner ici à ces recommandations générales, en nous réservant d'en indiquer d'autres à l'occasion. La résolution complète du problème suivant servira d'exemple pour le raisonnement et la disposition de l'indication des calculs.

PROBLÈME. — *Un marchand de faïence a acheté 38 douzaines d'assiettes à 2 fr. la douzaine et 500 vases à fleurs en terre à 35 fr. le cent. La casse et le rebut enlèvent 2 % sur la quantité des as-*

siettes et 2 %/$_0$ sur la quantité des vases. Le marchand veut gagner dans la vente 10 fr. sur les assiettes et 15 fr. sur les vases. Combien devra-t-il revendre chaque douzaine d'assiettes et chaque vase restants ?

Admission au Cours normal de filles. — Haute-Garonne.

Le nombre des assiettes acheté est

$$12 \times 38 = 456 \text{ assiettes.}$$

Le déchet sur ces assiettes est 0,02 du tout, c'est-à-dire

$$456 \times 0,02 = 9,12 \text{ ou 10 assiettes.}$$

Il reste à vendre

$$456 - 10 = 446 \text{ assiettes.}$$

Le déchet sur les 500 vases est 2 fois le 100e du nombre, c'est-à-dire

$$5 \times 2 = 10 \text{ vases.}$$

Il reste à vendre

$$500 - 10 = 490 \text{ vases.}$$

Le prix d'achat des assiettes était

$$2^f \times 38 = 76^f.$$

La somme à retirer de leur vente est

$$76^f + 10^f = 86^f.$$

Le prix de vente d'une assiette sera

$$86^f : 446.$$

Le prix de la vente de la douzaine d'assiettes sera

$$\frac{86^f \times 12}{446} = \frac{86 \times 6}{223} = \frac{516}{223} = 2^f,313.$$

Le prix d'achat des 500 vases a été

$$35^f \times 5 = 175^f.$$

La somme à retirer de la vente des 1490 vases sera

$$175^f + 15^f = 190^f.$$

Le prix de vente du vase sera

$$190^f : 490 = o^f,387.$$

Réponse. — Le marchand vendra la douzaine d'assiettes $2^f,5$, ou plutôt $2^f,52$ et chaque vase 39 centimes.

OBSERVATION. — La multiplication et la division par un nombre d'un chiffre seulement n'ont pas besoin d'être faites à part. Il en est autrement, quand le multiplicateur et le diviseur ont plus d'un chiffre. Dans les devoirs ordinaires et surtout dans les compositions d'examen, il est indispensable d'écrire ces opérations sur la marge.

Par exemple, dans le problème précédent, on placera en marge la multiplication indiquée sur la 1re ligne : 12×38, et la division indiquée vers la fin : $516 : 223$.

Quant aux autres opérations, elles se font d'un coup d'œil, telles qu'elles sont écrites dans le corps du raisonnement.

LES QUATRE OPÉRATIONS

SUR LES NOMBRES COMPLEXES

Les mesures de temps et les fractions de la circonférence ne sont pas assujetties à la division décimale.

La circonférence se divise en 360 parties égales nommées, *degrés;* le degré en 60 parties égales nommées *minutes,* et la minute en 60 parties égales nommées *secondes.*

Il ne faut pas confondre les minutes et secondes de la circonférence avec les minutes et secondes de temps.

Dans les calculs on représente :

la minute de temps par ^{m} et la seconde de temps par ^{s};
la minute de circonférence par $'$ et la seconde par $''$.

L'heure est indiquée par ^{h} et le degré par un petit rond ^{o}.

On ne doit jamais employer, pour indiquer la minute et la seconde de temps, les signes adoptés pour la minute et la seconde de circonférence. Il est fâcheux que les mêmes dénominations aient été données à des unités de nature différente.

Nombres complexes. — On appelle nombres *complexes* les nombres qui expriment des unités qui ne sont pas subdivisées en parties décimales [1] ; par exemple :

3 heures 45 minutes 12 secondes ou......... 3^h 45^m 12^s ;

3 degrés 45 minutes 12 secondes ou......... $3°$ $45'$ $12''$.

Les nombres complexes ne sont autre chose que des nombres fractionnaires qui, au lieu d'avoir un dénominateur, sont suivis du nom que l'usage a donné à leurs unités fractionnaires.

Ainsi il y a dans 1 heure 60 minutes ; dans la minute 60 secondes, et par conséquent dans 1 heure 60 fois 60 secondes, c'est-à-dire 3 600 secondes.

La minute est $\frac{1}{60}$ de l'heure ; la seconde $\frac{1}{3600}$ de l'heure.

On peut donc écrire, en prenant l'heure pour unité :

$$2^h\ 7^m\ 19^s = 2^h + \frac{7}{60} + \frac{19}{3600}.$$

Les calculs sur les nombres complexes s'effectuent d'après les mêmes règles que les calculs des fractions ordinaires.

Nous donnerons seulement quelques exemples, en ajoutant qu'il faut mettre le plus grand soin à éviter les longueurs inutiles et à disposer les calculs dans le raisonnement avec toute la clarté possible [1].

Addition. — PROBLÈME. *Un homme voulant savoir combien de temps a duré l'huile dont il a rempli sa lampe, a noté que la 1re fois la lampe a brûlé pendant* 3^h 15^m 42^s ; *la 2e fois* 2^h 34^m 28^s ; *la 3e fois* 1^h 25^m 36^s. *Trouver ce temps.*

L'addition des trois nombres de secondes donne 106^s ou 1^m 46^s. On écrit donc 46^s au total et on ajoute la minute retenue au total des trois nombres de minutes. On trouve 75^m, qui font 1^h et 15^m.

$$
\begin{array}{r}
3^h\ 15^m\ 42^s \\
2^h\ 34^m\ 28^s \\
1^h\ 25^m\ 36^s \\
\hline
7^h\ 15^m\ 46^s
\end{array}
$$

1. Les nombres exprimant les anciennes mesures sont des nombres complexes. On en trouvera un tableau détaillé dans notre *Cours gradué d'arithmétique*, un volume du Degré supérieur.

On écrit 15^m au total et on ajoute l'heure retenue avec les trois nombres d'heures, ce qui fait 7 heures.

Réponse. — Le temps demandé est 7^h. 15^m 46^s.

Soustraction. — PROBLÈME. *D'un arc de circonférence ayant* 58° 14′ 25″ *on retranche un arc de* 32° 53′ 46″. *Que reste-t-il?*

Ne pouvant ôter 46″ de 25″, on prend sur les 14′ une minute qui vaut 60″; on porte ces 60″ sur les 25″, ce qui fait 85″, et on retranche 46″ de 85″, ce qui donne 39″.

De même on prend sur les 58° un degré qui vaut 60′; on ajoute 60′ à 13′ qui restent au lieu de 14′ et on retranche 53′ de 73′, ce qui donne 20′.

Enfin on retranche 32° de 57°, ce qui donne 25°.

Ainsi la soustraction sur les nombres énoncés :

$$58° \ 14′ \ 25″$$
$$32° \ 53′ \ 46″$$

est remplacée par la soustraction suivante :

$$57° \ 73′ \ 85″$$
$$32° \ 53′ \ 46″$$
$$\overline{25° \ 20′ \ 39″}$$

Réponse. — Il reste un arc de 25° 20′ 39″.

Multiplication. — PROBLÈME. *L'astronomie apprend qu'entre une nouvelle lune et la suivante il y a* 29 *jours* 12 *heures* 44 *minutes. Au bout de combien de temps commencera la* 8e *nouvelle lune?*

Le temps cherché est égal à 7 fois 29^j 12^h 44^m.

On multiplie 44^m par 7, ce qui fait 308^m ou 5^h 8^m.

On écrit 8^m au résultat et on retient 5^h que l'on ajoute à 7 fois 12 heures, ou 84 heures.

On a ainsi 89^h qui font 3 jours et 17 heures.

On écrit 17 heures au résultat et on ajoute les 3 jours à 7 fois 29 jours, ce qui donne 206 jours.

$$\begin{array}{r} 29^j \ 12^h \ 44^m \\ 7 \\ \hline 206^j \ 17^h \ 8^m \end{array}$$

Réponse. — Entre la 1re nouvelle lune et la 8e il y a 206^j 17^h 8^m.

Division. — PROBLÈME. *On divise en* 9 *parties égales un arc de circonférence ayant* 76° 15′ 24″. *Trouver combien chaque partie contient de degrés, minutes et secondes.*

On divise d'abord 76° par 9, ce qui donne 8° et un reste égal à 4.

On convertit ces 4° en minutes, ce qui en fait 240; on y ajoute les 15' du dividende, et on a alors à diviser 255' par 9, ce qui donne 28 avec un reste égal à 3'.

$$
\begin{array}{ll}
\begin{array}{l}
76°\ 15'\ 24'' \\
\underline{72} \\
4 \times 60 = 240 \\
\ \underline{15} \\
\ 255' \\
\ \underline{252} \\
\ \ \ 3 \times 60 = 180 \\
\ \ \underline{24} \\
\ 204'' \\
\ \underline{198} \\
\ \ \ 6
\end{array}
&
\begin{array}{|l}
9 \\
\hline
8°\ 28'\ 22''
\end{array}
\end{array}
$$

On convertit ces 3 minutes en secondes, ce qui fait 180''; on y ajoute les 24'' du dividende et on divise alors 204'' par 9.

On trouve 22'' au quotient avec un reste égal à 6''.

Réponse. — La 9e partie de l'arc a 8° 28' 22''.

Nota. — Avec les exemples qui précèdent, les deux problèmes suivants suffiront pour guider dans les opérations sur les nombres complexes.

Problème. — *Une fontaine fournit en 13 heures 26 minutes et demie 143 hectolitres d'eau; combien de mètres cubes d'eau fournirait-elle en 28 jours 17 heures 3 quarts ?*

On a d'abord :

$$13^h\ 26^m\ \tfrac{1}{2} = 60^m \times 13 + 26^m\ \tfrac{1}{2} = 806^m,5.$$

$$28^j\ 17^h\ \tfrac{3}{4} = 24^h \times 28 + 17^h\ \tfrac{3}{4} = 689^h$$

$$28^j\ 17^h\ \tfrac{3}{4} = 60^m \times 689 + 45^m = 41\,385^m.$$

En 806^m,5 la fontaine donne 143 hectolitres.

En 1 minute elle donnera.............................. $\dfrac{143^{hl}}{806,5}$

En 41 385^m elle donnera $\dfrac{143 \times 41\,385}{806,5} = 7\,337^{hl},9.$

Réponse. — 733 mètres cubes 7 hectolitres 90 litres.

PROBLÈME. — *La latitude de Dunkerque est de* 51° 2′ 12″; *celle de Barcelone est de* 41° 22′ 59″. *En outre, ces deux villes sont à peu près sur le même méridien, qui est celui de Paris. Trouver quelle est, en kilomètres, la distance qui les sépare.*

Dans l'arc de méridien qui unit Dunkerque à Barcelone, il y a :

$$51° \ 2′ \ 12″ - 41° \ 22′ \ 59″.$$
ou
$$50° \ 61′ \ 72″ - 41° \ 22′ \ 59″ = 9° \ 39′ \ 13″.$$

Or, on a pour le méridien :

$$90° = 10\,000\,000 \ \text{mètres} ;$$
$$1° = 1\,000\,000 : 9 = 111\,111^m,11$$
$$1′ = 111\,111^m,11 : 60 = 1851^m,85 ;$$
$$1″ = 1\,851^m,85 : 60 = 30^m,86.$$

On obtient donc :

$$9° = 10\,000\,000 : 10 = 1\,000\,000^m,00$$
$$39′ = 1\,851^m,85 \times 39 = 72\,222^m,15$$
$$13″ = 30^m,86 \times 13 = 401^m,18$$
$$\text{Total} \dots \ 1\,072\,623^m,33.$$

Réponse. — La distance est de 1 072 kilomètres et demi.

ANCIENNES MESURES DE LONGUEUR

Les mesures de longueur étaient :
la *toise*, le *pied*, le *pouce*, la *ligne* et le *point*.

$$1 \ \text{toise} = 6 \ \text{pieds} ; \ 1 \ \text{pied} = 12 \ \text{pouces} ;$$
$$1 \ \text{pouce} = 12 \ \text{lignes} ; \ 1 \ \text{ligne} = 12 \ \text{points}.$$

En partant de la relation fondamentale :

$$10\,000\,000 \ \text{de mètres} = 5\,130\,740 \ \text{toises},$$

on trouve :

$$1 \ \text{toise} = 1^m,94904 ; \ 1 \ \text{pied} = 0^m,32484.$$
$$1 \ \text{aune} = 1^m,188, \ \text{c.-à-d. à peu près 1 mètre et un 5}^e.$$

C'est ainsi qu'on peut former les tables de conversion des anciennes mesures en mesures nouvelles.

Ces mesures ont une origine toute naturelle. Les longueurs ordinaires ont été d'abord évaluées en pieds d'homme, comme font encore les enfants dans certains jeux ; les longueurs plus grandes ont été rapportées à la hauteur d'un homme de grande taille, ce qui a donné la toise.

Les unités principales étaient :

la *livre tournois*, le *sou* et le *denier*.
1 livre = 20 sous; 1 sou = 12 deniers.

On trouve la valeur de ces unités en francs, décimes et centimes, en partant de cette relation fondamentale :

81 livres = 80 francs.

ABRÉVIATION DES CALCULS

Calcul oral ou mental. — Nous ne donnons aucune règle; les exemples guideront pour la marche à suivre dans les calculs.

Multiplication par 4. — On multiplie le nombre par 2, puis le résultat par 2.

Multiplication par 8. — On multiplie le nombre par 4, puis le résultat par 2.

Multiplication par 6. — On multiplie le nombre par 3, puis le résultat par 2.

Multiplication par 15. — On multiplie le nombre par 5, puis le résultat par 3.

Multiplication par 20, 30, 40, etc. — On multiplie par 2, par 3, par 4; puis on joint au produit les zéros du multiplicateur.

Multiplier 17 par 12. — On dit 2 fois 17 font 34; 2 fois 34 font 68; 3 fois 68 font 3 fois 70 moins 3 fois 2, c'est-à-dire 210 moins 6 ou 204.

2° *Multiplication par 9, 19, 29, 99.*

On multiplie par 10 au lieu de 9, par 20 au lieu de 19, etc., et on diminue le résultat de la valeur du multiplicande.

Soit à trouver 39 fois 27; on dit :

40 fois 27 font 800 plus 280 ou 1 080;

de 1 080 j'ôte 20, ce qui fait 1 060;

puis j'ôte encore 7 et je trouve ainsi 1 053.

Calcul écrit. — Des abréviations analogues aux précédentes peuvent être pratiquées dans les calculs écrits, quand les nombres sur lesquels on opère ont plusieurs chiffres.

Nous en donnerons quelques exemples. Pour simplifier nous désignerons par M le multiplicande et par P le produit cherché.

Multiplier 8 247 par 59. — On multiplie 8 247 par 60 et du produit on retranche 8247.

$$8\ 247 \times 59$$

60 fois M   494 820

$$P = \overline{486\ 573.}$$

1.

Multiplier 2 687 *par* 94. — On multiplie 2 687 par 100, et du produit on retranche 6 fois 2 687.

$$
\begin{array}{rl}
\text{100 fois M.} & 268\ 700 \\
\text{6 fois M.} & \underline{16\ 122} \\
\text{P} = & 252\ 578.
\end{array}
$$

Multiplier 6 543, *par* 56. — Comme 56 est égal à 8 × 7, on multiplie 6 543 par 8, puis le résultat par 7.

$$
\begin{array}{rl}
\text{8 fois M.} & 52\ 344 \\
\text{7 fois 8 fois M ou P} = & 366\ 408.
\end{array}
$$

Multiplier 7 624 *par* 1 608. — Le produit égalera :

8 fois 7 624 plus 200 fois 8 fois 7 624.

$$
\begin{array}{rl}
\text{8 fois M.} & 60\ 992 \\
\text{200 fois 8 fois M} & \underline{12\ 198\ 400} \\
\text{P} = & 12\ 259\ 392.
\end{array}
$$

Multiplier 7 653 *par* 1 248. — Le produit égalera :

1200 fois ou 300 fois 4 fois 7 653
plus 48 fois ou 4 fois 12 fois 7 653

$$
\begin{array}{rl}
\text{4 fois M.} & 30\ 612 \\
\text{1200 fois M.} & 9\ 183\ 600 \\
\text{4 fois 12 fois M.} & \underline{367\ 344} \\
\text{P} = & 9\ 550\ 944.
\end{array}
$$

Multiplier 32 647 *par* 10 428. — On peut prendre:
10 000 fois le multiplicande,

plus 100 fois 4 fois le multiplicande,
plus 7 fois 4 fois (pour 28 fois) le multiplicande.

On aura ainsi :

$$
\begin{array}{rl}
\text{10 000 fois M} & 326\ 470\ 000 \\
\text{100 fois 4 fois M} & 13\ 058\ 800 \\
\text{7 fois 4 fois M} & \underline{914\ 116} \\
\text{P} = & 340\ 442\ 916.
\end{array}
$$

EXPLICATIONS

§ I. — DES MONNAIES.

FRANC. — L'unité monétaire appelée *franc* est une pièce d'argent pesant 5 grammes et contenant 9 dixièmes de son poids en argent fin et 1 dixième en cuivre.

Il ne faut pas la confondre avec la pièce actuelle d'un franc qui, tout en ayant le même poids de 5 grammes, contient seulement 0,835 de son poids en argent et par conséquent 0,165 de son poids de cuivre.

Le cuivre qui entre dans les monnaies d'or et d'argent est regardé comme étant sans valeur.

TITRE. — On appelle *titre* d'une monnaie d'or ou d'argent le rapport qu'il y a entre le poids de l'or ou de l'argent fin qu'elle renferme et son poids total. On obtient ce rapport en divisant le poids d'or ou d'argent fin par le poids total.

Dire, par exemple, que le titre de nos pièces d'argent est 0,835 revient à dire que le poids d'argent fin qu'elles contiennent est 835 fois la 1000° partie du poids de la pièce.

La pièce de 5 francs en argent est restée au titre de 0,9 ou 0,900, comme les pièces d'or.

C'est par suite d'une convention monétaire conclue le 23 décembre 1865 entre la France, la Belgique, l'Italie et la Suisse, qu'une loi rendue le 14 juillet 1866 a réduit de 0,900 à 0,835 le titre des pièces d'argent, en exceptant celle de 5 francs. Cette convention a établi l'uniformité des monnaies d'or et d'argent de ces quatre pays, de sorte que les monnaies de l'un ont cours légal dans les trois autres.

TABLEAU DES MONNAIES FRANÇAISES.

ARGENT.			OR.		
VALEUR.	POIDS.	DIAMÈTRE.	VALEUR.	POIDS.	DIAMÈTRE.
20 cent.	1 gramme.	16^{mm}	5 francs.	1^{gr},6129	17^{mm}
50 —	2,5	18	10	3, 2258	19
1 franc.	5	23	20	6, 4516	21
2 —	10	27	50	16, 129	28
5 —	25	37	100	32, 258	35

BRONZE.

PIÈCES	1	2	5	10 centimes.
POIDS	1	2	5	10 grammes.
DIAMÈTRE	15	20	25	30 millimètres.

COMPOSITION : cuivre 0,95 ; étain 0,04 ; zinc 0,01.

POIDS DES MONNAIES. — Dans l'étude de cette question, il suffit de savoir les poids des pièces d'argent et des pièces de bronze, ce qui ne présente pas la moindre difficulté. Quant au poids des pièces d'or, certains élèves se donnent beaucoup de peine pour retenir ces nombres de plusieurs chiffres et croient montrer un grand savoir en les énonçant sans hésitation. Ils se font un peu illusion; ce qui vaut mieux, c'est d'expliquer comment on peut calculer ces poids, et pour cela il n'y a qu'une chose à se mettre dans la mémoire : *Un poids de monnaie d'or vaut 15 fois et demie autant que le même poids de monnaie d'argent.* Par conséquent, pour connaître le poids d'une pièce d'or, il suffit de chercher le poids de l'argent qui aurait la même valeur et de le diviser par 15,5.

Par exemple, 10 francs en argent pèsent 50 grammes; le poids de 10 francs en or sera 15 fois et demie moindre, c'est-à-dire $\frac{50}{15,5}$ ou en simplifiant $\frac{100}{31}$ de gramme.

Dans les calculs où ce poids doit être soumis à d'autres opérations, il convient de le conserver sous cette forme fractionnaire, au lieu de le remplacer par sa valeur décimale, 3^{gr},2258. C'est tout à la fois plus exact et moins long.

§ II. — DENSITÉ.

On appelle *densité* d'un corps le rapport qui existe entre le poids de ce corps et le poids d'un même volume d'eau (l'eau étant supposée distillée et à la température de 4 degrés centigrades).

Par exemple, la densité du fer étant 7,79, le poids d'un morceau de fer est égal à 779 fois la 100e partie du poids du même volume d'eau.

On trouve la densité d'un corps en divisant son poids par le poids du même volume d'eau. La densité est aussi désignée par le nom de *poids spécifique*.

La densité varie avec la température. Les densités contenues dans la table suivante sont celles des corps à la température de zéro.

TABLE DES DENSITÉS DES CORPS LES PLUS IMPORTANTS.

Platine	21,53	Mercure	13,596
Or fondu	19,26	Glace	0,918
Or à 0,900 (*)	17,408	Alcool	0,79
Argent fondu	10,47	Ether	0,73
Argent à 0,900	10,286	Vin	0,99
Argent à 0,835	10,071	Eau de mer	1,026
Plomb fondu	11,35	Huile d'olive	0,915
Cuivre forgé	8,95	Lait	1,03
Cuivre jaune	8,427	Caoutchouc	0,989
Fer	7,788	Liège	0,24
Etain	7,29	Sapin	0,49
Zinc	7,19	Marbre	2,70
Aluminium	2,67	Calcaire	2,00

Un litre d'air à la température de zéro et au niveau de la mer pèse 1^{gr},296. L'hydrogène, qui est le plus léger de tous les corps, ne pèse que la 14e partie du poids de l'air.

(*) C'est grâce à l'obligeance de M. l'amiral Mouchez, directeur de l'Observatoire, que nous avons pu insérer dans cette table les densités de l'or et de l'argent monnayés ; il a bien voulu se les procurer pour nous à l'Hôtel des monnaies.

Quand on connaît le volume d'un corps et sa densité, *on peut trouver son poids en multipliant son volume par sa densité.*

En effet, soit une règle de fer ayant un volume de 24 centimètres cubes. Un centimètre cube de fer pèserait 7^{gr},79 ; donc le poids de cette règle sera 24 fois le poids du centimètre cube, c'est à-dire 7^{gr},79 $\times$ 24, ce qui démontre la règle énoncée.

Si pour abréger on désigne le poids d'un corps par p, son volume par v et sa densité par d, cette règle peut s'écrire ainsi :

$$p = v \times d \quad \text{ou} \quad p = vd.$$

De là découlent ces deux autres règles :

On peut connaître le volume d'un corps en divisant son poids par sa densité.

On peut connaître la densité d'un corps en divisant son poids par son volume.

Il importe d'observer qu'au gramme pris pour unité de poids dans ces calculs correspond le centimètre cube pour unité de volume; au kilogramme correspond le décimètre cube.

Note sur la fabrication de l'orfèvrerie et de la bijouterie.

(Extrait de l'Annuaire du bureau des longitudes.)

La fabrication des ouvrages d'or et d'argent est régie en France par la loi du 19 brumaire an VI, relative à la surveillance du titre et à la perception des droits de garantie des matières et ouvrages d'or et d'argent.

Les titres dont les fabricants peuvent faire usage sont :
pour l'or 920 millièmes, 840 millièmes, 750 millièmes ;
pour l'argent 950 millièmes, 800 millièmes.

La tolérance de titre est : pour l'or 3 millièmes ; pour l'argent 5 millièmes.

Aucun objet d'or ou d'argent ne peut être mis en vente sans avoir été présenté à un bureau de garantie et revêtu de l'empreinte des poinçons de l'État, après essai constatant qu'il est au titre légal.

Aux termes de l'article premier de l'arrêté des consuls du 5 germinal an XII, il ne peut être frappé de médailles ou jetons ailleurs que dans les ateliers de la Monnaie, à moins d'une autorisation spéciale du gouvernement.

Le titre des médailles et jetons frappés à la Monnaie de Paris est de 916 millièmes pour l'or et 950 millièmes pour l'argent.

TABLEAU

de la valeur en francs des Monnaies étrangères.

(Extrait de l'Annuaire du Bureau des Longitudes. — Année 1884.)

NOTE PRÉLIMINAIRE

Lorsqu'il s'agit de l'évaluation des monnaies, on doit les considérer sous deux rapports : 1º la valeur au pair ; 2º la valeur au tarif par kilogramme.

1º Valeur au pair.

On entend par pair des monnaies ou pair intrinsèque et métallique l'élément principal qui sert à former le pair du change. On l'obtient en comparant les monnaies de deux pays, sous le rapport de la quantité de métal pur qu'elles renferment, d'après le poids légal multiplié par le titre légal.

Supposons, par exemple, qu'on veuille connaître la valeur du souverain anglais par rapport à la pièce de 20 francs de France. Nous savons que le titre légal du souverain est 0,91666 et le poids de 7ᵍʳ,98805. Cette pièce contient donc en métal pur 7ᵍʳ,3223259. D'un autre côté, la pièce de 20 francs française est au titre légal de 0,900 et du poids de 6ᵍʳ,45161 ; elle renferme, en conséquence, 5ᵍʳ,806449 d'or fin.

En établissant la proportion suivante :

$$\frac{5,806\,449}{20} = \frac{7,322\,325\,9}{x},$$

on trouve que le souverain d'Angleterre vaut, au pair, 25ᶠʳ,22 en monnaie de France.

C'est en se basant sur ce principe qu'on a opéré pour trouver le pair des monnaies d'or et d'argent portées sur le Tableau qui suit.

2º VALEUR PAR KILOGRAMME AU CHANGE DES MONNAIES.

Les monnaies, versées aux bureaux du change des hôtels des monnaies, ne sont reçues que comme lingots d'or ou d'argent, c'est-à-dire au poids qu'elles ont au moment du versement et au titre déterminé par les tarifs. Il y aurait des inconvénients assez graves à ce qu'il en fût autrement, le poids et le titre d'émission pouvant varier en raison de la plus ou moins grande exactitude apportée dans la fabrication et la déperdition de matière causée par une circulation active.

L'Administration fait procéder à de nombreux essais et adopte, pour inscrire dans les tarifs, le titre qui a été constaté par elle[1].

On trouve dans le Tableau suivant, à côté du poids, le titre légal, le titre du tarif pour les monnaies qui ont été tarifées officiellement, la valeur des pièces au pair et leur valeur au tarif.

Ces indications étant données, il est facile d'obtenir par le calcul la valeur au change des monnaies de chaque pièce prise isolément.

Supposons, par exemple, que l'on demande la valeur du souverain anglais. On voit qu'il pèse 7gr,988, que son titre légal est 916 millièmes 6 dixièmes, et qu'il est seulement 916 millièmes d'après la tarification officielle. Maintenant, dans le tarif des matières et espèces d'or[1], on trouve pour la valeur du kilogramme :

pour 900 millièmes......................	3 093fr,30
pour 10 millièmes......................	34, 37
pour 6 millièmes......................	20, 62
Donc la valeur du kilogramme est....	3 148, 29

Puisque le kilogramme vaut 3 148fr,29, on trouvera la valeur du poids 7gr,988 par la proportion

$$\frac{1000}{3\,148,29} = \frac{7,988}{x}.$$

Le souverain anglais vaut 25fr,15 lorsqu'il est versé au change des hôtels des monnaies.

---

1. Voir ce tarif dans le 1er volume de l'*Arithmétique appliquée*, page 88, au Livre de l'élève.

PROVENANCE ET DÉNOMINATION	POIDS légal	TITRE légal	TITRE du tarif	VALEUR DES PIÈCES au pair	au tarif

Allemagne.

Lois des 4 déc. 1871 et 9 juillet 1873.

Monnaie de compte :
Reichs-Mark de 100 pfennig = 1fr, 2345.

	gr	m	m	fr c	fr c
Or.. { 20 marks ou double couronne	7,965			24,69	24,62
10 marks ou couronne.	3,982	900	899,5	12,35	12,31
5 marks	1,991			6,17	6,16
Arg. { 5 marks	27,777			5,56	5,51
2 marks	11,111			2,22	2,20
1 mark, 100 pfennig..	5,555	900	»	1,11	1,10
demi-mark. 50 pf	2,777			0,56	0,55
5e de mark, 20 pfennig...	1,111			0,22	0,22

Angleterre.

Loi du 4 avril 1870.

Monnaie de compte [1] :
Livre sterling de 20 shillings = 25fr,2213.

Or.. { Souverain, livre sterling de 20 shillings	7,988	916,66	916	25,22	25,15
Demi-souverain	3,994			12,61	12,57
Arg. { Couronne, 5 shillings..	28,276			5,81	5,75
Demi-couronne.	14,138			2,91	2,87
Florin, 2 shillings	11,310			2,32	2,30
Shilling, 12 pence	5,655			1,16	1,15
6 pence	2,828	925	923	0,58	0,57
4 pence	1,885			0,39	0,38
3 pence	1.414			0,29	0,28
2 pence	0,942			0,19	0,19
1 penny	0,471			0,10	0,09

Autriche-Hongrie.

Lois des 24 déc. 1867 et 9 mars 1870.

Monnaie de compte : Florin de 100 kreutzers = 2fr, 4691.

Or.. { Quadruple ducat	13,960	986	984	47,41	47,21
Ducat	3,490			11,85	11,80

1. Pour certains payements, on conserve en Angleterre l'habitude de compter en guinées de 21 shillings, soit 26 fr. 48 c.

PROVENANCE ET DÉNOMINATION	POIDS légal	TITRE légal	TITRE du tarif	VALEUR DES PIÈCES au pair	VALEUR DES PIÈCES au tarif
	gr	m	m	fr c	fr c
Autriche-Hongrie (*suite*).					
Or.. { 8 florins, 20 francs....	6,452	900	»	20,00	19,95
{ 4 florins, 10 francs.....	3,226			10,00	9,97
Arg. { 2 florins	24,691	900	»	4,94	4,90
{ 1 florin, 100 kreutzers.	12,345			2,47	2,45
{ Quart de florin........	5,341	520	»	0,62	0,61
Arg. { 20 kreutzers (frappés	2,666	500	»	0,29	0,29
{ 10 kreutzers (depuis 1868.	1,666	400	»	0,15	0,14
{ Maria-Theresien-Thaler 1780 dits Levantins, monnaie de comm^{ce}..	28,075	833	»	5,20	5,15
Belgique.					
Loi du 21 juillet 1866. — Convention internationale du 5 nov. 1878.					
Monnaie de compte : Franc de 100 centimes = 1 franc.					
Or.. { 20 francs.............	6,452	900	»	20,00	19,95
{ 10 francs.............	3,226			10,00	9,97
Arg. { 5 francs.............	25,000	900	»	5,00	4,96
{ 2 francs.............	10,000			1,86	1,84
{ 1 franc.............	5,000	835	»	0,93	0,92
{ 50 centimes.........	2,500			0,46	0,46
Danemark.					
Loi du 23 mai 1873. — Convention avec la Suède du 27 mai 1873.					
Monnaie de compte : Krone de 100 ore = 1^{fr},3888.					
Or.. { 20 kronen.............	8,960	900	»	27,78	27,71
{ 10 kronen.............	4,480			13,89	13,85
Arg. { 2 kronen.............	15,000	800	»	2,67	2,64
{ 1 krone (100 ore).....	7,500			1,33	1,32
{ 50 ore.............	5,000			0,67	0,66
{ 40 ore.............	4,000	600	»	0,53	0,53
{ 25 ore.............	2,420			0,32	0,32
{ 10 ore	1,450	400	»	0,13	0,13

PROVENANCE ET DÉNOMINATION	POIDS légal	TITRE légal	TITRE du tarif	VALEUR DES PIÈCES au pair	au tarif
	gr	m	m	fr c	fr c
Espagne [1].					
Loi du 26 juin 1864.					
Or.. Doublon, 10 escudos..	8,387			26,00	25,88
— 4 escudos..	3,355	900	898	10,40	10,35
— 2 escudos..	1,677			5,20	5,17
Arg. Duro, 2 escudos......	25,960	900		5,19	5,15
Escudo, 10 réaux......	12,980		»	2,60	2,57
Peseta............	5,192			0,93	0,92
Demi-peseta	2,596	810	»	0,47	0,46
Réal...............	1,298			0,23	0,23
Décret du 19 octobre 1868.					
Or.. 25 pesetas...........	8,065	900	»	25,00	24,94
Arg. 5 pesetas...........	25,000	900	»	5,00	4,96
2 pesetas...........	10,000			1,86	1,84
1 peseta............	5,000	835	»	0,93	0,92
2 reales, demi-peseta.	2,500			0,46	0,46
Espagne. (ILES PHILIPPINES).					
Monnaie de compte: Duro de 100 centavos = 5fr,0960.					
Or.. Doblon de oro, 4 pesos.	6,766			20,39	20,34
Escudo de oro, 2 pesos.	3,383	875	»	10,20	10,17
Escudillo de oro, 1 peso.	1,691			5,10	5,08
Arg. 50 centavos...........	12,980			2,60	2,57
20 centavos...........	5,192	900	»	1,04	1,03
10 centavos...........	2,596			0,52	0,52
France.					
Or.. 100 francs............	32,258			100,00	99,78
50 francs............	16,129			50,00	49,89
20 francs............	6,452	900	900	20,00	19,95
10 francs............	3,226			10,00	9,97
5 francs............	1,613			5,00	4,99

1. Un décret du 19 octobre 1868 a établi, en Espagne, le système monétaire de la convention de 1865. 1 peseta = 1 fr.; mais, jusqu'à présent, la plupart des pièces en circulation sont frappées d'après le système de la loi du 26 juin 1864, dans lequel la monnaie de compte est l'escudo d'argent de 10 réaux, valant 2f,5960.

Dans le commerce, on a conservé l'habitude de compter en piastres fortes valant 5 fr. 20 c.

PROVENANCE ET DÉNOMINATION	POIDS légal	TITRE légal	TITRE du tarif	VALEUR DES PIÈCES	
				au pair	au tarif
	gr	m	m	fr c	fr c
France (*suite*).					
5 francs..................	25,000	900	900	5,00	4,96
2 francs..................	10,000			1,86	1,84
ARG. 1 franc..................	5,000	835	835	0,93	0,92
50 centimes..............	2,500			0,46	0,46
20 centimes..............	1,000			0,19	0,18
Grèce.					
Convention internationale du 5 novembre 1878. Loi du 10 (22) avril 1867. Monnaie de compte : Drachme de 100 lepta = 1 franc.					
100 drachmes.............	32,258			100,00	99,78
50 drachmes.............	16,129			50,00	49,89
On.. 20 drachmes.............	6,452	900	»	20,00	19,95
10 drachmes.............	3,226			10,00	9,97
5 drachmes.............	1,613			5,00	4,99
5 drachmes.............	25,000	900	»	5,00	4,96
2 drachmes.............	10,000			1,86	1,84
ARG. 1 drachme, 100 lepta.	5,000	835	»	0,93	0,92
50 lepta..............	2,500			0,46	0,46
20 lepta..............	1,000			0,19	0,18
Royaume d'Italie.					
Lois des 24 avril 1862 et 21 juillet 1866. Convention internationale du 5 novembre 1878. Monnaie de compte : Lira de 100 centesimi = 1fr,0000.					
100 lire...............	32,258			100,00	99,78
50 lire...............	16,129			50,00	49,89
On.. 20 lire...............	6,452	900	»	20,00	19,95
10 lire...............	3,226			10,00	9,97
5 lire...............	1,613			5,00	4,99
5 lire...............	25,000	900	»	5,00	4,96
2 lire...............	10,000			1,86	1,84
ARG. 1 lira...............	5,000	835	»	0,93	0,92
50 centesimi...........	2,500			0,46	0,46
20 centesimi...........	1,000			0,19	0,18

PROVENANCE ET DÉNOMINATION	POIDS légal	TITRE légal	TITRE du tarif	VALEUR DES PIÈCES au pair	au tarif

Principauté de Monaco.

Monnaie de compte :
franc de 100 centimes.

	gr	m	m	fr c	fr c
Or.. { 100 francs..............	32,258	900	»	100,00	99,78
20 francs..............	6,452			20,00	19,95

Empire Ottoman.

Loi monétaire de 1844.

Monnaie de compte :
Piastre = 0fr,2278.

Or.. { 500 piastres, bourse...	36,082			113,92	113,47
250 piastres............	18,041			56,96	56,73
100 piastres, livre......	7,216	916,66	915	22,78	22,69
50 piastres............	3,608			11,39	11,35
25 piastres............	1,804			5,70	5,67
Arg. { 20 piastres............	24,055			4,44	4,40
10 piastres............	12,028			2,22	2,20
5 piastres............	6,014	830	»	1,11	1,10
2 piastres............	2,405			0,44	0,44
1 piastre, 40 paras...	1,203			0,22	0,22
Demi-piastre, 20 paras.	0,601			0,11	0,11

Pays-Bas.

Lois des 26 nov. 1847 et 6 juin 1875.

Monnaie de compte : Florin
de 100 cents = 2 fr. 10 c.

Or.. { Double ducat............	6,988	983	980	23,66	23,54
Ducat..............	3,494			11,83	11,77
10 florins(loi du 6 juin 1875).	6,720	900	899	20,83	20,76
Arg. { Rixdaler, 2 flor. et demi.	25,000			5,25	5,21
1 florin, 100 cents.....	10,000	945	»	2,10	2,08
Demi-florin	5,000			1,05	1,04
25 cents.............	3,575			0,51	0,50
10 cents.............	1,400	640	»	0,20	0,20
5 cents.............	0,685			0,10	0,10

Colonies. Loi du 1er mai 1854.

Arg. { Quart de florin.........	3,180			0,51	0,50
10e de florin	1,250	720	»	0,20	0,20
20e de florin..........	0,610			0,10	0,09

PROVENANCE ET DÉNOMINATION	POIDS légal	TITRE légal	TITRE du tarif	VALEUR DES PIÈCES au pair	au tarif

Tunis.

Monnaie de compte :
Piastre = 0fr,6194.

	gr	m	m	fr c	fr c
Or.. {100 piastres	19,500			60,45	60,32
50 piastres	9,750			30,23	30,16
25 piastres	4,875	900	»	15,11	15,08
10 piastres	1,950			6,05	6,03
5 piastres	0,975			3,02	3,02
Arg. { 2 piastres	6,194	900	»	1,24	1,23
1 piastre	3,097			0,62	0,61

Portugal.

Loi monétaire du 29 juillet 1854.

Monnaie de compte :
Milreis = 5fr,60.

Or.. {Couronne, 10 milreis	17,735			56,00	55,88
Demi-cour., 5 milreis	8,868	916,66	»	28,00	27,94
5e de cour., 2 milreis	3,547			11,20	11,17
10e de cour., milreis	1,774			5,60	5,59
Arg. {5 testons, 500 reis	12,500			2,55	2,52
2 testons, 200 reis	5,000	916,66	»	1,02	1,01
Teston, 100 reis	2,500			0,51	0,50
Demi-teston, 50 reis	1,250			0,25	0,25

Russie.

Monnaie de compte : Rouble
de 100 kopecks = 4fr.

Or.. {Demi-impériale, 5 roubl.	6,545	916,66	915	20,66	20,58
3 roubles	3,927			12,40	12,35
Arg. {Rouble, 100 kopecks	20,735			3,99	3,97
Poltinnik, 50 kopecks	10,367	868	»	1,99	1,98
Tchetvertak, 25 kopecks	5,183			0,99	0,99
Abassis, 20 kopecks	4,079			0,45	0,44
Florin polonais, 15 kop.	3,059	500	»	0,34	0,33
Grivenik, 10 kopecks	2,039			0,23	0,22
Piètak, 5 kopecks	1,019			0,11	0,11

PROVENANCE ET DÉNOMINATION	POIDS légal	TITRE légal	TITRE du tarif	VALEUR DES PIÈCES au pair	au tarif
Russie. (GR.-DUCHÉ DE FINLANDE.) Loi du 9 août 1877. Monnaie de compte: Markka = 1fr.	gr	m	m	fr c	fr c
Or.. {20 Markkaa	6,452	} 900	»	20,00	19,95
10 Markkaa	3,226			10,00	9,97
Arg. { 2 Markkaa	10,365	} 868	»	1,99	1,98
1 Markka	5,182			0,99	0,99
50 Penni	2,549	} 750	»	0,42	0,41
25 Penni	1,274			0,21	0,20
Roumanie. Loi du 14 avril 1867. Monnaie de compte : Ley de 100 banis = 1 franc.					
Or.. {20 leys	6,452	} 900	»	20,00	19,95
10 leys	3,226			10,00	9,97
5 leys	1,613			5,00	4,99
Loi du 20 avril 1879.					
Arg. { 5 leys	25,000	900	»	5,00	4,96
2 leys	10,000			1,86	1,84
1 ley	5,000	} 835	»	0,93	0,92
Demi-ley, 50 banis	2,500			0,46	0,46
Serbie. Loi du 10 décembre 1878. Monnaie de compte : Dinar de 100 paras = 1 franc.					
Or.. {20 dinars	6,452	} 900	»	20,00	19,95
10 dinars	3,226			10,00	9,97
Arg. { 5 dinars	25,000	900	»	5,00	4,96
2 dinars	10,000			1,86	1,84
1 dinar	5,000	} 835	»	0,93	0,92
50 paras	2,500			0,46	0,46
Suède. Loi du 30 mai 1873. — Convention internationale avec le Danemark. Monnaie de compte : Krona de 100 ore = 1fr,3888.					
Or.. {20 kronor	8,960	} 900	»	27,78	27,71
10 kronor	4,480			13,89	13,85

PROVENANCE ET DÉNOMINATION	POIDS légal	TITRE légal	TITRE du tarif	VALEUR DES PIÈCES au pair	VALEUR DES PIÈCES au tarif
	gr	m	m	fr c	fr c
Suède (*suite*).					
Arg. 2 kronor	15,000	800	»	2,67	2,64
1 krona, 100 ore	7,500			1,33	1,32
50 ore	5,000	600	»	0,67	0,66
25 ore	2,420			0,32	0,32
10 ore	1,450	400	»	0,13	0,13
Norvège.					
Convention avec le Danemark et la Suède.					
Loi du 4 mars 1875.					
Monnaie de compte : 1 krone de 100 ore = 1fr, 3888.					
Or. 20 kroner (5 specie daler)	8.960	900	»	27,78	27,71
10 kroner (2 sp. dal. ½.)	4,480			13,89	13,85
Arg. 2 kroner	15,000	800	»	2,67	2,64
1kr.100 ore, 30 skillings.	7,500			1,33	1,32
50 ore	5,000	600	»	0,67	0,66
40 ore	4,000			0,53	0,53
25 ore	2,420			0,32	0,32
10 ore	1,450	400	»	0,13	0,13
Suisse. (CONFÉDÉRATION).					
Convention internationale du 5 novembre 1878.					
Monnaie de compte : Franc de 100 centimes = 1 franc.					
Arg. 5 francs	25,000	900	»	5,00	4,96
2 francs	10,000			1,86	1,84
1 franc	5,000	835	»	0,93	0,92
50 centimes	2,500			0,46	0,46
Égypte.					
Monnaie de compte : Piastre de 40 paras = 0fr, 2561.					
Or. 100 piastres	8,500	875	»	25,61	25,56
50 piastres	4,250			12,81	12,78
25 piastres	2,125			6,40	6,39

PROVENANCE ET DÉNOMINATION	POIDS légal	TITRE légal	TITRE du tarif	VALEUR DES PIÈCES au pair	au tarif
Égypte (*suite*).	gr	m	m	fr c	fr c
Arg. 10 piastres..........	12,500			2,50	2,48
5 piastres..........	6,250	900	»	1,25	1,24
2 piastres et demie..	3,125			0,63	0,62
1 piastre...........	1,250			0,25	0,25
Empire de Perse.					
Or. Thoman, 100 schahis...	3,76	916	»	11,86	11,83
Demi-thoman, 50 sch.	1,88			5,93	5,91
Arg. Sachib-kéran,20schahis.	10,40			2,08	2,06
Banabat, 10 schahis....	5,20	900	»	1,04	1,03
Abassis, 4 schahis.....	2,08			0,41	0,40
Japon.					
Loi monétaire de 1871.					
Monnaie de compte : Yen de 100 sen = 5fr,1664.					
Or.. 20 yen...............	33,333			103,33	103,11
10 yen...............	16,667			51,67	51,55
5 yen...............	8,333	900	»	25,83	25,77
2 yen...............	3,333			10,33	10,31
1 yen...............	1,667			5,17	5,15
Arg. 1 yen (monnaie de commerce)...............	26,956	900		5,39	5,35
50 sen...............	12,500			2,22	2,20
20 sen...............	5,000	800	»	0,89	0,88
10 sen...............	2,500			0,44	0,44
5 sen...............	1,250			0,22	0,22
Indes Anglaises.					
Règlement du 6 septembre 1870.					
Monnaie de compte : Roupie = 2fr,3757.					
Or.. Mohur, 15 roupies.....	11,664			36,83	36,72
2 tiers de mohur,10 roup.	7,776	916,66	»	24,55	24,48
Tiers de mohur, 5 roup..	3,888			12,28	12,24
Arg. Roupie...............	11,664			2,38	2,36
Demi-roupie...........	5,832	916,66	»	1,19	1,18
Quart de roupie.......	2,916			0,59	0,59
8e de roupie..........	1,458			0,30	0,29

PROVENANCE ET DÉNOMINATION	POIDS légal	TITRE légal	TITRE du tarif	VALEUR DES PIÈCES	
				au pair	au tarif
Cochinchine française.	gr	m	m	fr c	fr c
Arg. { Piastre de commerce..	27,215			5,44	5,40
50 centièmes de piastre.	13,603	900	»	2,72	2,70
20 centièmes de piastre.	5,443			1,08	1,08
10 centièmes de piastre.	2,721			0,54	0,54
États-Unis.					
Loi monétaire du 12 février 1873.					
Monnaie de compte : Dollar de 100 cents = 5fr,1825.					
Or.. { Double aigle, 20 dollars.	33,436			103,65	103,31
Aigle, 10 dollars......	16,718			51,83	51,65
Demi-aigle, 5 dollars..	8,359	900	899	25,91	25,82
3 dollars.............	5,015			15,55	15,49
Quart d'aigle, 2 dollars ½.	4,179			12,95	12,91
1 dollar.............	1,672			5,18	5,16
Arg. { Trade dollar (monnaie de commerce)......	27,215			5,44	5,40
Dollar, 100 cents.....	26,729			5,34	5,31
Demi-dollar, 50 cents..	12,500	900	»	2,50	2,48
Quart de dollar, 25 cents.	6,250			1,25	1,24
20 cents...........	5,000			1,00	0,99
Dime, 10 cents......	2,500			0,50	0,49
Mexique.					
Loi monétaire du 27 novembre 1867.					
Monnaie de compte : Peso de 100 centavos = 5fr,4308.					
On.. { 20 pesos............	33,841			101,99	101,77
10 pesos............	16,921			50,99	50,88
5 pesos............	8,460	875	»	25,49	25,44
2 pesos et demi......	4,230			12,75	12,72
1 peso............	1,692			5,10	5,09
Arg. { Peso...............	27,073			5,43	5,37
50 centavos........	13,536			2,71	2,69
25 centavos........	6,768	902,7	900	1,35	1,34
10 centavos........	2,707			0,54	0,53
5 centavos........	1,353			0,27	0,26

PROVENANCE ET DÉNOMINATION	POIDS légal	TITRE légal	TITRE du tarif	VALEUR DES PIÈCES	
				au pair	au tarif
	gr	m	m	fr c	fr c

États-Unis de Colombie.

Loi du 9 juin 1871.
Monnaie de compte :
Peso d'or = 5 fr.

	POIDS légal	TITRE légal	TITRE du tarif	au pair	au tarif
Or..{ Double condor, 20 pesos.	32,258	900	m	100,00	99,78
Condor, 10 pesos......	16,129		»	50,00	49,89
Arg.{ 1 peso..........	25,000	900	»	5,00	4,96
2 decimos...........	5,000			0,93	0,92
1 decimo...........	2,500	835	»	0,46	0,46
Demi-decimo.........	1,250			0,23	0,23

Brésil.

Monnaie de compte :
Milreis = 2fr,8316.

Or..{ 20 000 reis	17,929			56,63	56,32
10 000 reis	8,965	917	914	28,32	28,16
5 000 reis	4,482			14,16	14,08
Arg.{ 2 000 reis	25,500			5,19	5,16
1 000 reis	12,750	917	»	2,60	2,58
500 reis.........	6,375			1,30	1,28

Chili.

Lois des 8 janvier 1851 et 25 octobre 1870.
Monnaie de compte :
Peso de 100 centavos = 5 fr.

Or..{ Condor, 10 pesos......	15,253			47,28	47,12
Doblon, 5 pesos......	7,627	900	899	23,64	23,56
Escudo, 2 pesos.......	3,050			9,45	9,42
Peso.............	1,525			4,73	4,71
Arg.{ Peso.............	25,000			5,00	4,96
50 centavos..........	12,500			2,50	2,48
20 centavos...........	5,000	900	»	1,00	0,99
1 decimo...........	2,500			0,50	0,49
Demi-decimo.........	1,250			0,25	0,24

Pérou.

Loi du 14 février 1864.
Monnaie de compte :
Sol de 10 dineros ou 100 cents = 5 francs.

PROVENANCE ET DÉNOMINATION	POIDS légal	TITRE légal	TITRE du tarif	VALEUR DES PIÈCES	
				au pair	au tarif
	gr	m	m	fr c	fr c
Pérou (*suite*).					
Or.. { 20 sols................	32,258			100,00	99,78
10 sols................	16,129			50,00	49,89
5 sols................	8,065	900	»	25,00	24,94
2 sols................	3,226			10,00	9,97
1 sol.................	1,613			5,00	4,99
Arg. { 1 sol.	25,000			5,00	4,96
Demi-sol.............	12,500			2,50	2,48
Un 5º de sol...........	5,000	900	»	1,00	0,99
1 dinero	2,500			0,50	0,49
Demi-dinero..........	1,250			0,25	0,24
États-Unis de Venezuela.					
Loi du 11 mai 1871.					
Monnaie de compte : Venezolano = 5fr.					
Or.. { 20 venezolanos........	32,258			100,00	99,78
10 venezolanos........	16,129			50,00	49,89
5 venezolanos........	8,065	900	»	25,00	24,94
Venezolano	1,613			5,00	4,99
Arg. { 1 venezolano..........	25,000	900	»	5,00	4,96
Demi-ven. ou 5 decimos.	12,500			2,32	2,30
2 decimos ou Bolivar..	5,000			0,93	0,92
1 decimo	2,500	835	»	0,46	0,46
5 centavos	1,250			0,23	0,23
Uruguay.					
Loi du 31 mars 1879.					
Monnaie de compte . Piastre ou peso = 5fr.					
Arg. { 1 peso................	25,000			5,00	4,96
Demi-peso, 50 centesim.	12,500			2,50	2,48
20 centesimos.........	5,000	900	»	1,00	0,99
10 centesimos.........	2,500			0,50	0,49
Haïti.					
Loi du 28 septembre 1880.					
Arg. { 1 gourde.............	25,000	900	»	5,00	4,96
50 centièmes..........	12,500			2,32	2,30
20 centièmes..........	5,000			0,93	0,92
10 centièmes..........	2,500	835	»	0,46	0,46
5 centièmes..........	1,250			0,23	0,23

ARITHMÉTIQUE APPLIQUÉE

PREMIÈRE PARTIE

BREVET ÉLÉMENTAIRE

CHAPITRE I

PROBLÈMES DIVERS SUR L'APPLICATION DES QUATRE RÈGLES AUX NOMBRES ENTIERS ET DÉCIMAUX

1. — Un ouvrier économise en un an sur son salaire une somme de 265^{fr},75 et sa dépense a été en moyenne de 2^{fr},80 par jour. Calculer le prix de sa journée de travail, si dans les 365 jours de l'année il a eu 62 jours de repos.

2. — Une mère de famille a fait faire des chemises, avec de la toile coûtant 1^{fr},50 le mètre. Elle a payé par chemise 15 centimes pour les fournitures et 1^{fr},35 pour la façon; la douzaine de chemises lui revient ainsi à 72 francs. On demande de trouver combien de mètres de toile il a fallu employer pour chaque chemise.

3. — Un fermier paye annuellement 24 francs par 30 ares de terrain pour le loyer. Sur un champ ayant une surface de 3 hectares 65 ares il a récolté 17 hectolitres 60 litres de colza par hectare et il a vendu ce colza 21^{fr},75 l'hectolitre. Les frais de culture se sont élevés à 186^{fr},50 par hectare. Trouver quel bénéfice ce champ a rapporté.

2.

4. — Dans un atelier on emploie 6 femmes et 3 enfants, qui reçoivent ensemble 12^{fr},30 par jour. Trouver le prix de la journée d'une femme et celui d'un enfant, si 9 journées de femme coûtent autant que 16 journées d'enfant.

5. — On achète pour 250 francs de haricots, au prix de 5 francs le double décalitre. Combien faut-il revendre le litre pour gagner 65 francs sur le tout?

6. — Une femme emploie de la laine coûtant 6 francs le kilogramme, et il lui en faut un demi-kilogramme pour faire 5 bas. Elle les vend 3^{fr},60 la paire et elle met 16 jours pour en faire 6 paires. Combien gagne-t-elle par jour?

7. — Deux frères ont reçu, le cadet une certaine somme et l'aîné le triple de celle du cadet. Avec le total des deux sommes, on pourrait acheter 36 mètres d'étoffe à 10 francs le mètre. Trouver la somme reçue par chacun.

8. — Un cafetier paye le café en grains 3^{fr},70 le kilogramme, et ce café brûlé et, moulu perd 20 % de son poids primitif. En vendant 40 centimes une tasse de café, y compris 6 centimes de sucre, cet homme gagne 26 centimes par tasse. Trouver le poids de café employé par tasse.

9. — Une femme tricote des bas de laine, qu'elle vend au prix de 3^{fr},50 la paire. La laine lui coûte 7^{fr},50 le kilogramme et 12 paires de bas pèsent 2 kilogr. 160 grammes. Trouver ce qu'elle gagne par paire de bas. Trouver aussi quel est son gain à la fin de l'année, si elle fait 21 bas par mois et si elle prélève 0^{fr},50 par semaine pour une bonne œuvre.

10. — Un marchand a acheté une provision de 29 hectolitres 70 litres de colza, dont 15 hectolitres 30 litres au prix de 22^{fr},50 l'hectolitre, et le reste au prix de 4^{fr},80 le double décalitre. Trouver quel bénéfice il retirera, s'il revend le tout au prix de 25^{fr},60 l'hectolitre?

11. — Un homme veut envoyer à un ami une somme de 490 francs par la poste. Trouver la somme qui sera portée sur le mandat, après la déduction des frais, qui comprennent 15 centimes pour le port de la lettre et 1 % sur la somme inscrite au mandat.

12. — Une marchandise est vendue avec un bénéfice de 17 °/₀ sur le prix d'achat. Trouver le prix d'achat, en sachant que la vente a produit 3650 fr. 40 centimes.

13. — On estime qu'il y a en France 240 000 ouvrières occupées à faire de la dentelle. La production annuelle a une valeur de 65 millions de francs et le prix de la matière première est les 0,27 de cette valeur totale. Trouver le montant des salaires de toutes ces ouvrières et le salaire quotidien de chacune d'elles, en supposant qu'elles travaillent en moyenne 240 jours par an.

14. — On a acheté chez un libraire une douzaine de volumes, dont le prix marqué au catalogue est de 2 fr. 60 cent. Le libraire fait une remise de 15 °/₀ et donne un 13ᵉ exemplaire gratuitement. Trouver à quel prix revient l'exemplaire, et combien on gagnera sur le tout en revendant chaque exemplaire au prix du catalogue.

15. — On a acheté 118 kilogr. 5 hectogr. d'une marchandise, à raison de 125 francs les 100 kilogrammes. On veut, en revendant le tout, gagner 51ᶠʳ,50. Quelle somme retirera-t-on de la vente de 17 kilogr. et demi?

16. — Un épicier a acheté un tonneau d'huile pour 140ᶠʳ,75. Il vend cette huile en détail, par bouteilles de 75 centilitres, à raison de 2ᶠʳ,50 la bouteille, vase et bouchon compris. Le cent de bouteilles vides lui coûte 16ᶠʳ,25 et le cent de bouchons 1ᶠʳ,55. Il fait dans la vente un bénéfice total de 26 fr. 43 centimes. Trouver la capacité du tonneau.

17. — Un libraire achète 8 douzaines de volumes, du prix de 3ᶠʳ,50 chacun. Payant comptant, il obtient une remise de 3 °/₀ sur le prix d'achat et un 13ᵉ exemplaire gratuit par douzaine. Combien doit-il revendre le volume pour gagner 98 francs sur le tout?

18. — Un négociant a acheté 24 barils d'huile, contenant chacun 115 litres, au prix de 220 francs le quintal métrique. Le poids de cette huile est seulement les 0,915 du poids du même volume d'eau. Trouver combien ce négociant gagnera pour 100 du prix d'achat, s'il revend cette huile 2 fr. 50 c. le kilogramme, en supposant qu'il y ait sur chaque baril une perte de 4 litres et demi.

19. — Une pièce d'étoffe a été payée 468 francs. Le tiers a été revendu au prix coûtant, et sur le reste on a perdu 0^{fr},60 par mètre. La perte totale étant de 28^{fr},80, trouver la longueur de la pièce et le prix d'achat du mètre.

20. — Un marchand achète 89 moutons, au prix de 36^{fr},25 chacun. Il les fait tondre et retire de chacun 3 livres 3 quarts de laine, qu'il vend 4^{fr},15 le kilogramme; puis il les remet à un boucher pour la somme de 2 955 francs. Combien le marchand gagne-t-il pour 100 sur ses déboursés?

21. — Une famille consomme par jour 3 kilogr. 5 hectogr. de pain. La dépense pour le pain s'est élevée en un mois de 30 jours à 32^{fr},90. Or du 1er du mois à un certain jour le pain a été payé 30 centimes le kilogramme et pendant le reste du mois 32 centimes. Trouver pendant combien de jours le prix du kilogramme a été de 30 centimes.

22. — La récolte de blé d'une propriété de 3 hectares 20 ares a été vendue pour 1 324^{fr},80, à raison de 24 francs les 100 kilogr. Trouver combien l'hectare a produit d'hectolitres, si l'hectolitre de blé pèse 75 kilogrammes.

23. — Un marchand a acheté 14 pièces de vin pour 1 150 francs. Il a payé 92^{fr},50 de droits et 26^{fr},40 pour le transport. Chaque pièce contenait 210 litres; mais il s'en est perdu 2 % par évaporation. Combien a-t-il revendu le litre, s'il a gagné 231 francs sur son marché?

24. — Un coutelier a acheté en gros 144 douzaines de couteaux, qui, revendus en détail, ont rapporté 4536 francs. S'il n'en avait retiré que 4 082^{fr},40, il aurait gagné 12^{fr},50 % sur le prix d'achat. Trouver le prix d'achat de la douzaine et le gain fait dans la vente.

25. — Un homme a acheté pour 16 940 francs un terrain de 3 hectares 8 ares. Il en revend 175 ares au prix de 90 francs l'are et 685 mètres carrés au prix de 1^{fr},50 le mètre carré, et il doit revendre le reste à raison de 8 700 francs l'hectare. Trouver ce qu'il retire dans chacune des trois ventes et quel est son bénéfice moyen par hectare.

26. — Un marchand a acheté 28 hectolitres de blé. Ce blé ayant été avarié, il s'en est perdu 5 %, et par suite en revendant

l'hectolitre 19^{fr},37 le marchand ne gagne que 15 %. Trouver combien avait coûté l'achat des 28 hectolitres et le prix de l'hectolitre.

27. — Trois ouvriers travaillent ensemble à un ouvrage. Pour en faire 1 mètre, le premier met 1 heure; le second 50 minutes et le troisième 45 minutes. L'ouvrage comprend 477 mètres. Trouver en combien de journées de 10 heures le travail sera terminé.

28. — Une couturière et son apprentie confectionnent ensemble 4 douzaines de chemises, à raison de 2^{fr},50 par chemise, et font 3 chemises en 2 jours. Le travail de l'apprentie valant la moitié de celui de la maîtresse, quel est le gain total et le prix de la journée de chacune?

29. — Un marchand a acheté un tonneau d'huile à raison de 68^{fr},45 l'hectolitre, et il a payé pour frais de transport 9^{fr},75 par 100 kilogrammes. La capacité du tonneau est de 28 décalitres et demi, et le poids de cette huile est les 0,92 du poids du même volume d'eau. Le fût vide pèse 38 kilogr. Combien ce marchand doit-il vendre le litre d'huile, s'il veut gagner 12 % sur l'argent qu'il a déboursé?

30. — Une fermière est venue à la ville acheter de l'étoffe pour faire 4 robes, et du drap pour faire 2 pantalons. Elle a pris 6 mètres 3 quarts d'étoffe pour chaque robe et 1 mètre un quart de drap pour chaque pantalon. Trouver ce qu'elle a payé le mètre de drap, en sachant que l'étoffe lui a coûté 2^{fr},50 le mètre, et que le marchand lui a rendu 1^{fr},75 sur un billet de 100 francs.

31. — Un marchand a acheté 31 mètres de drap, au prix de 18^{fr},75 le mètre. Il en a vendu 14 mètres en gagnant 11 % sur le prix d'achat; sur le reste il gagne 29 francs. Trouver quel a été le gain total du marchand et combien il a gagné pour 100 sur le tout.

32. — Un aubergiste a vendu en détail un fût de vin, qui lui avait coûté 410 fr., et il a gagné dans cette vente 71^{fr},75. Sur le quart de la quantité vendue, il a gagné 0^{fr},05 par litre, et sur le reste 0^{fr},10. Trouver la capacité du fût, le prix d'achat du litre et les deux prix de vente.

33. — Le poids du blé est à volume égal les 0,8 du poids de l'eau. Le blé réduit en farine perd 0,16 de son poids, et la farine convertie en pain gagne, en absorbant l'eau, les 0,4 de son poids. En supposant que 30 gerbes de blé fournissent 1 hectolitre de grain, trouver le poids de pain fourni par 135 gerbes de blé.

34. — Un épicier paye 110 francs les 100 kilogrammes de pâtes d'Italie, et à cause de la concurrence il est obligé de revendre cette marchandise 50 centimes le demi-kilogramme. En même temps, il achète du vermicelle à 60 francs les 100 kilogrammes. Combien devra-t-il vendre le kilogramme de vermicelle, s'il veut gagner dans la vente des deux articles 10 % du prix d'achat, en vendant autant de vermicelle que de pâtes?

35. — On veut acheter, pour une somme de 100 francs, une provision de café à 4fr,50 le kilogramme et un poids triple de sucre à 1fr,10 le kilogramme. Quel poids de café et quel poids de sucre aura-t-on pour cette somme?

36. — Pour faire un hectolitre d'huile, on a employé 192 kilogr. 528 grammes de graine de colza. L'hectolitre de cette graine pèse 63 kilogrammes et le litre d'huile 92 décagrammes. Combien faut-il d'hectolitres de graine de colza pour produire 115 kilogr. d'huile?

37. — La houille pèse 80 kilogr. par hectolitre et fournit, dans les usines à gaz, 230 litres de gaz par kilogramme. Trouver combien il faut employer d'hectolitres de houille pour obtenir 245 000 mètres cubes de gaz.

38. — Un marchand fait confectionner 5 douzaines de chemises, avec de la toile coûtant 1fr,35 le mètre. Pour chaque chemise on emploie 2m,75 de toile et la façon revient à 19fr,30 par douzaine. Combien le marchand doit-il vendre les 5 douzaines, s'il veut faire un bénéfice de 12 % sur la somme qu'il a déboursée?

39. — La toile écrue perd au blanchissage 15 % de sa longueur. Un marchand, ayant acheté 12 pièces de toile écrue, les revend, après le blanchissage, au prix de 2fr,10 le mètre, et retire du tout une somme de 535fr,50, y compris un gain de 85fr,50. Quels étaient, à l'achat, la longueur de la pièce et le prix du mètre de toile écrue?

40. — Une marchandise venant de l'étranger payait à la frontière un droit d'entrée de 12 % de sa valeur. Ce droit ayant été réduit dans une certaine proportion, l'importation augmente de moitié, et le produit des droits d'entrée diminue d'un tiers. Trouver d'après cela de combien pour 100 le droit d'entrée a été abaissé.

41. — Un homme a revendu une propriété pour la somme de 8 400 francs et a ainsi gagné le 20e du prix d'achat. Trouver son bénéfice et le prix d'achat.

42. — Les deux grandes roues d'une voiture ont $2^m,25$ de tour et les petites $1^m,44$. Combien les petites roues feront-elles de tours de plus que les grandes sur une distance de 13 kilomètres 212 mètres ?

43. — Un voyageur de commerce est payé à raison de $11^{fr},50$ par jour de tournée, non compris un bénéfice de 2 % sur les commissions qu'il prend. Après un voyage de 70 jours, il se trouve avoir économisé 411 francs, sa dépense quotidienne ayant été de 13 fr. 20 c. Trouver le montant des affaires qu'il a faites.

44. — Un marchand échange 240 mètres de toile valant $1^{fr},80$ le mètre contre une autre étoffe du prix de $6^{fr},30$ le mètre. Il paye en outre une somme complémentaire de $46^{fr},80$. Combien doit-il revendre le mètre de la nouvelle étoffe pour gagner 25 % dans cette affaire ?

45. — Une maison communale est mise en adjudication au rabais. Un entrepreneur offre de la faire pour la somme de 14 861 francs ; un second demande $46^{fr},20$ de plus que le premier et fait ainsi un rabais de 3,2 % sur le montant du devis. Trouver le montant de ce devis et quel rabais pour 100 offrait le premier.

46. — Une personne achète 8 tonneaux de vin, contenant chacun 230 litres, et paye par hectolitre $31^{fr},75$ pour l'achat, $3^{fr},50$ de transport et $2^{fr},30$ de droits. Il reste dans chaque tonneau 8 litres de lie, après que le vin a été transvasé. A combien revient le litre de vin clair ?

47. — Un industriel achète en Angleterre de la fonte de fer, au prix de 47 schellings 6 pence la tonne anglaise. Le schelling vaut $1^{fr},10$ et se divise en 12 pence et la tonne anglaise pèse

1 015 kilogr. Calculer en francs, décimes et centimes le prix d'une tonne française de cette fonte.

48. — Une vigne de 7 hectares 9 ares vaut 15 hectares 30 ares de prairie, et 28 hectares de prairie valent 62 hectares 5 ares de bois. Trouver quel est le prix d'un hectare de bois, quand l'hectare de vigne vaut 5 300 francs.

49. — Deux terrains, ensemencés en blé, ont produit pour 2 457^{fr},60 de blé, le décalitre de ce blé valant 1^{fr},60. Or ce terrain produit en moyenne 16 hectolitres par hectare et l'étendue du 2e terrain est les $\frac{7}{9}$ de celle du 1er. Trouver la superficie de chaque terrain.

50. — Un négociant a acheté 12 pièces de drap, de 40 mètres chacune, à raison de 11 francs le mètre, et il veut faire, dans la vente, un bénéfice de 20 $^0/_0$ sur le prix d'achat. Il en a déjà revendu 230 mètres au prix de 12^{fr},50 le mètre. Trouver combien il doit revendre le mètre de ce qui reste pour réaliser ce bénéfice; trouver aussi quel sera son bénéfice pour 100 du prix de vente.

51. — Un métallurgiste, qui établit ses prix de vente sur un bénéfice de 8 $^0/_0$, vend la tonne de fer 266 fr. Il emploie un minerai qui renferme 70 $^0/_0$ de fer; mais le traitement de ce minerai entraîne un déchet de 4 $^0/_0$ du fer qu'il contient. Combien ce métallurgiste a-t-il traité de tonnes de minerai, dans une année où on a gagné 28 600^{fr},32 ?

52. — L'eau de l'Océan contient 2,5 $^0/_0$ de son poids en sel, et dans les marais salants on n'obtient que les 0,80 du sel contenu dans l'eau. Combien faudra-t-il de litres d'eau pour obtenir 10 kilogr. de sel, si 40 centimètres cubes d'eau salée pèsent 41 grammes ?

53 — Un marchand, qui avait acheté une marchandise, la revend ensuite avec un bénéfice de 11 $^0/_0$, mais qui est inférieur de 18^{fr},15 aux 0,11 du prix de vente. Trouver les prix de vente et d'achat.

54. — Un marchand a vendu 222 mètres de drap de deux qualités, mais autant de l'une que de l'autre, et il a retiré de la vente 1 998 francs. Trouver le prix du mètre de chaque qualité.

en sachant que 11 mètres de la deuxième valent autant que 7 mètres de la première.

55. — Un fourneau brûle 3 décistères de bois par semaine. En remplaçant le bois par la houille, on fait une économie de 2^{fr},10. Calculer ce qu'on brûlerait de houille en 18 semaines, si le bois vaut 17 francs le stère et la houille 4^{fr},50 les 100 kilogrammes.

56. — Un tonneau vide pèse 20 kilogrammes et plein de vin il pèse 412 kilogrammes. Ce tonneau de vin a coûté, le fût non compris, 175 francs, et le litre pèse 98 décagrammes. Trouver combien on perd pour 100, si on ne peut vendre le litre que 30 centimes.

57. — Les frais nécessaires pour extraire le cuivre d'un quintal de minerai s'élèvent à 6^{fr},75. On achète, au prix de 18 francs le quintal, une certaine quantité de minerai, dont la teneur en cuivre est de 12 $^0/_0$. Le cuivre perdu dans l'opération s'élève aux 0,09 de celui que le minerai contient. A quel prix revient le quintal de cuivre?

58. — Une fermière a donné 9 kilogr. de beurre et 2^{fr},70 en argent pour avoir 1^m,80 de drap. Si elle avait donné 3 kilogr. de beurre de plus et pas d'argent, elle aurait eu 2^m,16 de drap. Trouver le prix du kilogramme de beurre et celui du mètre de drap.

59. — Un libraire a vendu 328 exemplaires d'un ouvrage, la moitié au prix du catalogue et l'autre moitié avec une réduction de 10 $^0/_0$ sur ce prix. Il avait obtenu lui-même de l'éditeur une remise de 25 $^0/_0$ sur la totalité. Il a ainsi gagné 196^{fr},80. Trouver le prix porté sur le catalogue.

60. — Un père fait avec son fils la convention suivante : quand celui-ci aura dans sa classe la place de premier, il recevra de son père 20 francs; mais quand il ne sera pas premier, il rendra à son père 12 francs. Après 12 compositions, le fils se trouve possesseur de 112 francs. Combien de fois a-t-il été premier?

61. — Les appointements d'un employé se composent d'un traitement fixe soumis à la retenue de 5 $^0/_0$ et d'une indemnité variable, qui ne subit aucune retenue. Pour l'année 1883

3

cette indemnité a été égale à la moitié du traitement fixe compté sans retenue et l'employé a reçu en tout 3480 francs. Trouver le montant du traitement fixe et le montant de l'indemnité pour cette année.

62. — Deux ouvriers font en 3 jours $\frac{1}{2}$ un travail qu'on leur paye 46 francs. Le premier travaille de telle sorte qu'il ferait seul tout l'ouvrage en 5 jours $\frac{3}{4}$. Trouver la part de travail faite par chaque ouvrier et quel est le gain de chacun par jour.

63. — Deux ouvriers ont travaillé dans une usine, le premier pendant 12 jours et le deuxième pendant 15 jours. Le salaire du deuxième est 4 fois le tiers de celui du premier, et ils ont touché ensemble un total de 96 francs. Combien chaque ouvrier recevait-il par jour ?

64. — On plonge un morceau de cuivre dans un vase plein d'un mélange d'eau et d'alcool, pesant 840 grammes par litre. Le liquide qui s'écoule a un poids de 28 gr. 3 décigr. et représente les $\frac{4}{13}$ du mélange total. Trouver le volume du morceau de cuivre et la capacité du vase.

65. — On a 270 kilogr. d'eau de mer renfermant 4 % de son poids de sel. Trouver quel poids d'eau pure il faut en chasser par l'évaporation, pour que le liquide restant renferme 27 % de son poids de sel.

66. — On a vendu 27 kilogrammes 376 grammes d'une marchandise pour la somme de 8 623^{fr},44 et on a ainsi gagné 20 % sur le prix d'achat. Combien avait coûté le kilogramme de cette marchandise? Trouver aussi quels poids on a dû mettre dans la balance pour la peser.

67. — En vendant 5^{fr},40 la paire de bas tricotés, une femme gagne 20 % sur le prix de la laine. Trouver la valeur du kilogramme de laine, en sachant que la façon coûte 5 fois le quart de ce prix. Dans une paire de bas il y a 200 grammes de laine.

68. — Deux groupes d'ouvriers, l'un composé de 5 ouvriers et l'autre de 3 ouvriers, ont fait ensemble, en 17 jours, un ouvrage pour lequel on leur a donné 569^{fr},50. Un ouvrier du

premier groupe recevait par jour 1^{fr},50 de plus qu'un ouvrier du deuxième groupe. Trouver la somme qui revient à chaque ouvrier.

69. — Une mère de famille a deux pièces de toile de même qualité, dont l'une a 7^m,80 de plus que l'autre, et qui lui coûtent ensemble 59^{fr},15. Avec la plus petite elle peut faire 5 chemises, revenant chacune à 4^{fr},55 pour le prix de la toile seulement. Trouver : 1° la longueur de chaque pièce ; 2° le prix du mètre ; 3° combien on pourra faire de chemises avec la plus grande pièce ; 4° combien de mètres de toile entrent dans une chemise.

70. — Calculer en mètres la distance de deux villes A et B, situées sur le parallèle de 60° de latitude, la longitude de la ville A étant de 12° 48', celle de la ville B de 17° 25' et la longueur du degré sur ce parallèle n'étant que la moitié de celle du degré du méridien.

CHAPITRE II

PROBLÈMES SUR LES FRACTIONS ORDINAIRES

71. — Un marchand a acheté 140 hectolitres de froment, à raison de 18^{fr},15 l'hectolitre, et il veut, en les revendant, gagner 180 francs. Il en revend d'abord les $\frac{3}{7}$ au prix de 3^{fr},70 le double décalitre. A quel prix doit-il revendre l'hectolitre de ce qui lui reste ?

72. — On donne 12 mètres $\frac{2}{3}$ de calicot en échange de 1 mètre de drap. Combien devra-t-on donner de calicot, pour 10 m. $\frac{5}{6}$ de drap ? Quel sera le prix de ce calicot, si le mètre de drap vaut 8 francs ?

73. — Un fermier a mis en pré les $\frac{5}{9}$ d'une pièce de terre et

cultive le reste en blé. En semant 2 kilogr. de blé par are, après l'avoir acheté au prix de 32 fr. le quintal métrique, il emploie pour 147^{fr},20 de semence. Trouver la surface du champ cultivé en blé et celle du pré.

74. — Une ménagère se propose d'acheter de la toile du prix de 1^{fr},50 le mètre, pour faire 3 douzaines de serviettes d'égale longueur. Si la longueur de la serviette avait 10 centimètres de plus, la dépense serait augmentée des $\frac{2}{15}$ du prix que cette femme s'était d'abord fixé. Trouver ce prix et la longueur de la serviette.

75. — Un aubergiste a acheté un certain nombre de litres de vin. Il les revend en détail à 60 centimes le litre, en faisant un bénéfice de 20 %. Or le prix de vente de 15 litres représente les $\frac{3}{40}$ du prix de tout l'achat. Trouver le prix d'achat du litre de vin et le nombre de litres achetés.

76. — On a payé 84 000 francs pour l'achat d'une propriété, composée de champs, de prés et de bois. Les prés coûtent les $\frac{6}{14}$ de la valeur des champs, et les bois les $\frac{2}{3}$ de celle des prés. Les champs rapportent 3 %, les prés 4 %, les bois 2 %. Trouver le revenu de la propriété.

77. — Une famille a pu économiser dans une année 850 francs. Elle a dépensé les $\frac{4}{9}$ de son revenu pour la nourriture, $\frac{1}{10}$ pour le logement et les $\frac{4}{15}$ pour son entretien. Trouver quel était ce revenu.

78. — D'une barrique de vin entièrement pleine un marchand retire d'abord le $\frac{1}{4}$ du contenu, puis $\frac{1}{9}$ de ce qui reste. Il vend ensuite en détail ce qui reste dans le tonneau, à raison de 60 centimes le litre et il en retire 91^{fr},20. Trouver la capacité de la barrique.

79. — La graine de colza contient environ 47 % de son poids d'huile; mais on ne retire par la pression que les

$\frac{8}{11}$ de cette huile. Le litre d'huile pesant 92 décagrammes, combien devra-t-on presser de kilogrammes de graine pour avoir 1 hectolitre d'huile?

80. — Les frais de construction d'un chemin vicinal, qui relie cinq villages, ont été répartis de la manière suivante : $\frac{1}{3}$ pour le 1er; $\frac{1}{4}$ pour le 2e ; $\frac{1}{6}$ pour le 3e ; $\frac{1}{12}$ pour le 4e. Le 5e a eu à faire pour sa part une longueur de 800 mètres. Les frais s'étant élevés à 2 500 francs par kilomètre, on demande de déterminer la dépense supportée par chaque village et la longueur du chemin.

81. — Deux ouvriers de force inégale travaillent à un même ouvrage, qu'ils peuvent faire ensemble en 12 jours. Au bout de 4 jours de travail, le plus habile tombe malade, et l'autre resté seul achève l'ouvrage en 18 jours. Trouver combien chacun d'eux, travaillant seul, aurait mis de temps pour faire l'ouvrage entier.

82. — Une propriété est divisé en trois parties. La 1re est les $\frac{3}{8}$ de la surface totale; la 2e en est les $\frac{5}{12}$. La 3e ayant une surface de 5 856 mètres carrés, trouver en hectares, ares et centiares la surface totale de la propriété et celle des deux premières parties.

83. — On partage une somme entre 4 personnes. La 1re en a les $\frac{3}{10}$; la 2e $\frac{1}{4}$; la 3e $\frac{1}{3}$; la 4e a le reste qui est de 4900 francs. Quelle est la somme partagée?

Trouver en outre son poids, en sachant que le quart est composé de pièces d'or et les 3 autres quarts de pièces d'argent de 5 francs.

84. — Deux ouvriers se présentent pour défricher un champ. Le 1er pourrait faire seul le travail en 12 jours et demi; le 2e en 10 jours. Le propriétaire les fait travailler ensemble; mais 2 jours et demi après que le travail a été commencé en commun, le 1er ne peut plus travailler que pendant les $\frac{3}{4}$ du temps de la

journée. Trouver au bout de combien de temps le travail sera terminé.

85. — Au bout de 4 ans une institutrice a économisé une somme de 608 francs. Trouver son traitement annuel, en sachant que ce traitement subissait une retenue de $\frac{1}{20}$ et qu'elle a dépensé par an pour sa nourriture les $\frac{3}{5}$ et pour son entretien les $\frac{2}{9}$ de la somme qu'elle touchait.

86. — Une fontaine peut remplir un bassin en 6 heures; une seconde en 8 heures; une troisième en 10 heures. On les laisse couler ensemble pendant 2 heures et alors il manque 26 hectolitres pour que le bassin soit rempli. Calculer la capacité de ce bassin.

87. — Sur un champ de luzerne de 2 hectares 39 ares un cultivateur a répandu 37 hectolitres de plâtre, aussitôt après la 1re coupe. Le produit de la 2e coupe vaut par suite les $\frac{4}{3}$ du produit de la 1re, qui avait fourni 7955 kilogr. par hectare. La luzerne valait 48 francs les 100 kilogrammes et l'hectolitre de plâtre coûtait 3 francs. Quel bénéfice cet homme a-t-il retiré de l'emploi du plâtre?

88. — Un ouvrier pourrait faucher un pré en 3 journées et demie, et un autre ouvrier en 4 journées un quart. Combien leur faudrait-il d'heures pour faucher ce pré en travaillant ensemble, la journée étant de 8 heures?

89. — Un marchand a acheté une pièce de drap au prix de 12fr,25 le mètre. Il en a vendu $\frac{1}{4}$ à 15fr,50; $\frac{1}{6}$ à 15 francs; $\frac{1}{3}$ à 14fr,50 et le reste à 15fr,25. Il a ainsi gagné 206 francs sur son marché. Combien y avait-il de mètres dans la pièce?

90. — Un spéculateur achète des marchandises qu'il revend ensuite. Le bénéfice ainsi réalisé est les $\frac{12}{100}$ du prix de vente, et diminué de 1 000 francs il est $\frac{1}{10}$ du prix d'achat. Trouver le bé-

néfice net, si le marchand a payé 518 francs pour frais de commission.

91. — Un vase contient de l'eau, qui n'occupe que $\frac{1}{3}$ de sa capacité. On y plonge un morceau de fer, dont la moitié seulement est dans l'eau. Le niveau de l'eau s'élève alors de telle sorte qu'elle occupe les $\frac{5}{8}$ de la capacité totale. Trouver cette capacité, en sachant que le morceau de fer pèse 1 kilogr. 22 décagr. et que le poids du fer est égal à 7,8 le poids du même volume d'eau.

92. — En revendant une pièce d'étoffe à 4^{fr},50 les $\frac{3}{4}$ de mètre, on fait un bénéfice de 82 fr.; en la revendant à 3 fr. les $\frac{2}{3}$ de mètre, on fait une perte de 41 fr. Trouver la longueur de la pièce et son prix d'achat.

93. — Une somme d'argent ayant été partagée entre deux personnes, la part de la 1re égale les $\frac{3}{4}$ de celle de la 2e. Si on ajoutait $\frac{1}{10}$ de la 1re aux $\frac{4}{5}$ de la 2e, on obtiendrait 105 fr. Trouver la somme et les deux parts.

94. — Sur un champ de 45 ares on a fait trois coupes de luzerne, dont la 3e a fourni 540 kilogr. de fourrage sec. La 1re a été les $\frac{3}{5}$ de la 2e et la 3e les $\frac{3}{8}$ de la 2e. Trouver le produit total des trois coupes, au prix de 6^{fr},50 les 100 kilogr. de fourrage sec et le produit par hectare.

95. — Le filage du coton coûte les $\frac{9}{10}$ du prix du coton brut, et le filateur, en vendant ses cotons filés, gagne 10 % sur le prix qu'il a payé. Le tissage coûte les $\frac{5}{6}$ du prix d'achat du coton filé et le manufacturier, en cédant le tissu au marchand, prend un bénéfice de 15 % sur le prix qu'il a déboursé. Enfin ce dernier vend cette étoffe en gagnant 20 % sur le prix d'achat qu'il a payé en fabrique. Trouver d'après cela ce que le consommateur

paye pour une pièce d'étoffe de coton, pesant 1 kilogramme, en supposant que le quintal métrique de coton brut coûte 50 francs.

96. — A la rentrée des classes le cours supérieur d'une école comprenait $\frac{1}{4}$ de l'effectif total; le cours moyen $\frac{7}{20}$ de cet effectif; le cours élémentaire, le reste. Or, 6 mois après, l'effectif s'étant doublé, le cours supérieur comprenait $\frac{1}{5}$ du nouvel effectif; le cours moyen les $\frac{3}{8}$; le reste formait le cours élémentaire, le cours supérieur comptant 15 élèves de plus qu'à la rentrée. Trouver quel était l'effectif à la rentrée.

97. — On demandait leur âge à deux vieux amis. Le plus âgé dit qu'il avait 24 ans de plus que son ami et que celui-ci n'avait que les $\frac{5}{7}$ du sien. Trouver l'âge de chacun.

98. — Les $\frac{2}{3}$ d'une pièce de drap coûtent autant que les $\frac{3}{5}$ d'une pièce de soie qui vaut 300 francs, et le mètre de drap vaut 9 francs. Les deux pièces ayant la même longueur, trouver cette longueur, le prix du mètre de soie et le prix de la pièce de drap.

99. — Le plâtre des environs de Paris est composé de sulfate de chaux, d'eau, de carbonate de chaux et d'argile. Le poids de l'eau est les $\frac{47}{170}$ du poids de sulfate de chaux; celui du carbonate de chaux les $\frac{19}{47}$ de celui de l'eau; celui de l'argile $\frac{8}{19}$ de celui du carbonate de chaux. Trouver les poids de sulfate de chaux, d'eau, de carbonate de chaux et d'argile contenus dans 278 kilogr. de plâtre.

100. — Après avoir perdu les $\frac{3}{8}$ de sa fortune, puis $\frac{1}{9}$ du reste, enfin les $\frac{5}{12}$ du nouveau reste, un homme hérite de 60 800 fr. La perte est alors réduite à la moitié de la fortune primitive.

Trouver combien cet homme possédait d'abord et combien il a successivement perdu.

101. — Un marchand achète une pièce de drap à 18^{fr},50 le mètre. Il en revend les $\frac{2}{5}$ à 19^{fr},50 le mètre, puis $\frac{1}{4}$ du reste à 20^{fr},50 et les $\frac{2}{3}$ du nouveau reste à 21^{fr},90. Après ces trois ventes il ne lui reste plus que 3^m,60 de drap qu'il revend au prix de 21^{fr},75 le mètre. Trouver combien la pièce contenait de mètres et combien ce marchand a gagné pour 100 sur le prix d'achat.

102. — Un vieillard mourant sans enfants laisse par testament les $\frac{5}{8}$ de sa fortune à partager également entre plusieurs neveux. $\frac{1}{4}$ du reste est donné aux pauvres ; les $\frac{2}{7}$ à un hospice ; un frère reçoit pour sa part le reste, qui s'élève à 17 500 francs. Trouver le montant de la fortune et le nombre des neveux, en sachant que chacun a reçu pour sa part 10 470 francs.

103. — Un homme, ayant un verre plein de vin, en boit le quart ; il le remplit ensuite avec de l'eau et en boit le tiers. Il le remplit de nouveau avec de l'eau et il en boit la moitié ; enfin il le remplit encore avec de l'eau et il boit le tout. Trouver combien il a bu de vin chaque fois et la quantité totale d'eau.

CHAPITRE III

PROBLÈMES SUR LES MÉLANGES ET LES ALLIAGES

104. — Un négociant a des vins qui lui reviennent à 65 fr., 72 fr. et 80 fr. l'hectolitre. Il mélange 112 litres du 1er, 1 hectolitre un

quart du 2e et $\frac{3}{5}$ d'hectolitre du 3e. Combien doit-il vendre le litre du mélange pour gagner 12 %?

105. — On a 20 litres de vin coûtant 75 centimes le litre. Combien de litres d'eau faut-il y ajouter, pour que le litre du mélange ne revienne qu'à 60 centimes?

106. — Dans une cuve où sont 1 800 kilogr. d'eau salée, contenant 8 % de sel, on verse 300 kilogr. d'eau douce. Combien pour 100 y a-t-il de sel dans le mélange?

107. — Un marchand a du vin de 50 centimes et du vin de 75 centimes le litre. Combien doit-il prendre de litres de chaque qualité, pour remplir un tonneau de 230 litres, dont le litre revienne à 60 centimes?

108. — On mélange 63 litres de vin du prix de 90 centimes le litre avec 77 litres d'un autre vin coûtant 85 centimes le litre. Quelle quantité de vin du prix de 75 centimes le litre faut-il y ajouter, pour obtenir un mélange dont le litre revienne à 80 centimes?

109. — On a mélangé du vin de 17 francs l'hectolitre avec du vin de 21 francs l'hectolitre. On a obtenu ainsi 31 hectolitres qui valent 579 francs. Combien y a-t-il d'hectolitres de chaque qualité?

110. — Le souverain, monnaie d'or anglaise, pèse 7gr,988 et contient les 0,916 de son poids en or pur. Combien faut-il de ces pièces pour avoir autant d'or pur qu'il y en a dans 465 pièces françaises de 20 francs?

111. — Un sac contient deux poids égaux de monnaie d'argent et de monnaie de cuivre, valant ensemble 84 fr. Trouver la valeur de l'argent et le poids total.

112. — La monnaie de bronze contient 0,95 de son poids en cuivre; 0,04 en étain; 0,01 en zinc. Le kilogramme de cuivre vaut 3fr,75; celui d'étain 3fr,50; celui de zinc 1fr,80. Trouver la valeur nominale d'un poids de 25 kilogrammes de cette monnaie et sa valeur intrinsèque, en négligeant les frais de fabrication.

113. — On fond 39 pièces de 5 fr. en argent, avec 127 pièces de 2 fr. et 315 pièces de 50 centimes. Trouver le titre du lingot et le poids du cuivre qu'il renferme.

114. — On fait fondre 740 pièces d'argent de 5 fr. avec 660 pièces de 2 fr. Trouver quels poids d'argent et de cuivre il y a dans 750 grammes de cet alliage et le titre.

115. — Une somme, formée de pièces de 5 fr., les unes en or et les autres en argent, pèse 825 grammes. Le nombre des pièces d'or est 31 fois celui des pièces d'argent. Trouver combien il y a de pièces de chaque espèce.

116. — Un sac contient 2 100 pièces de monnaie : des pièces d'or de 20 fr., des pièces d'argent de 5 fr., des pièces de cuivre de 10 centimes. Le nombre des pièces de 10 centimes est double du nombre des pièces de 5 fr. et le nombre des pièces de 5 fr. est triple du nombre des pièces de 20 fr. Trouver le poids et la valeur de toute cette monnaie.

117. — Une somme de 2441 fr., pesant 2780 grammes, est formée de pièces d'or et d'argent. Trouver la valeur et le poids de la monnaie d'or et de la monnaie d'argent.

118. — Un centimètre cube d'or pèse $19^{gr},26$ et un centimètre cube d'argent $10^{gr},51$; le kilogr. d'or vaut $3\ 437^{fr},50$ et le kilogr. d'argent 220 fr. $\frac{5}{9}$. Trouver combien il faut prendre de centimètres cubes d'argent pour que leur valeur soit la même que celle d'un centimètre cube d'or.

119. — Un orfèvre fond un bracelet d'or, pesant 252 grammes, au titre de 0,750, avec 124 grammes d'or fin et 18 grammes de cuivre. Quel sera le titre de l'alliage ainsi obtenu ?

Trouver combien avec cet alliage on pourra fabriquer d'épingles pesant chacune 4 centigrammes et le poids d'or contenu dans chaque épingle.

120. — Deux poids, dont l'un est double de l'autre, sont mis dans les plateaux d'une balance. Si l'on ajoute d'un côté 310 francs en argent et de l'autre 310 francs en or, l'équilibre est rétabli. Quels sont ces deux poids ?

121. — Un lingot composé d'argent et de cuivre et pesant 30 kilogr. est au titre de 0,850. On y ajoute 4 kilogr. de cuivre ; quel est le titre du nouveau lingot ?

Trouver quel est le poids de cuivre qu'il aurait fallu ajouter au premier lingot pour abaisser son titre à 0,600 ?

122. — Une plaque rectangulaire d'argent pur a le même volume que 3 litres 2 décilitres d'eau. Le poids de l'argent étant égal à 10 fois et demie le poids du même volume d'eau, trouver quel poids de cuivre il faut allier à cet argent pour en faire des pièces de 1 franc.

123. — Sur un plateau d'une balance on met : 20 pièces de 5 centimes, 30 pièces de 10 centimes en bronze ; 25 pièces de 20 centimes, 35 pièces de 1 franc, 15 pièces de 5 francs en argent ; 10 pièces de 5 francs en or, 20 pièces de 10 francs et 20 pièces de 50 francs.

Sur l'autre plateau on place un vase cubique en fer-blanc, ayant la capacité d'un décimètre cube et pesant vide 478 gr. 225 milligrammes ; puis on verse dans ce vase l'eau nécessaire pour établir l'équilibre entre les deux plateaux. Trouver la quantité d'eau qu'on y a versée et la hauteur à laquelle elle s'élève dans le vase.

124. — Un lingot, qui pèse 1 200 grammes, est formé de deux poids d'argent et de cuivre qui sont dans le rapport de 15 à 1. Quel poids de cuivre faut-il y ajouter pour en faire des pièces de 5 francs, et quel est le nombre de pièces qu'on pourra fabriquer ?

125. — On a fondu 140 grammes d'or au titre de 0,950 avec un certain nombre de grammes du même métal au titre de 0,700, et on a obtenu ainsi un alliage au titre de 0,770. Trouver ce nombre de grammes.

126. — On a deux lingots d'argent, l'un au titre de 0,810 et l'autre au titre de 0,940. Quels poids faut-il prendre de chacun pour former un autre lingot destiné à fabriquer 100 pièces de 5 francs.

127. — Résoudre ce même problème (126) pour le cas où l'on voudrait former un lingot destiné à fabriquer la même somme en pièces de 2 francs.

CHAPITRE IV

DES SURFACES
Règles et conseils.

RÈGLES. — 1º Pour calculer la surface d'un rectangle ou d'un carré, on multiplie entre eux les deux nombres qui expriment la longueur et la largeur, ou comme on dit ordinairement, on multiplie la longueur par la largeur.

Si l'unité de longueur est le mètre, le produit exprime des mètres carrés ; si l'unité de longueur est le décimètre, le produit exprime des décimètres carrés, etc.

2º Pour trouver un côté d'un rectangle, quand on connaît l'autre côté et la surface, on divise le nombre qui exprime la surface par le nombre qui exprime la longueur du côté connu, ou comme on dit ordinairement, on divise la surface par la longueur.

Mais avant de commencer la division, on doit convertir en mètres carrés le nombre qui exprime la surface, lorsque le côté connu est évalué en mètres ; le quotient est alors un nombre de mètres.

CONSEILS. — 1º Ne dites pas dans les calculs relatifs aux surfaces : *Je multiplie 8 mètres par 24 mètres, ou je divise 24 mètres carrés par 8 mètres,* ce qui n'a pas de sens, mais seulement : *Je multiplie 8 par 3 ; je divise 24 par 8.*

2º N'employez pas les mots *mètre, décimètre,* qui désignent des longueurs, pour *mètre carré, décimètre carré,* qui désignent des surfaces, comme on le fait trop souvent.

3º Ne faites jamais usage de cette abréviation m^2, que certains

auteurs ont à tort mise en vogue, pour indiquer le mètre carré.
La seule abréviation raisonnable est *mq* (la lettre *q* étant l'initiale
du mot *quarré* qui s'écrit aujourd'hui *carré*); on réserve *mc* pour
désigner le mètre cube.

4° Lorsqu'il s'agit de surfaces peu étendues, prenez une unité
plus petite que le mètre, afin de ne pas charger les nombres de
zéros inutiles.

Par exemple, s'il s'agit de calculer la surface d'une ardoise rectangulaire ayant 243 millimètres de longueur et 125 de largeur,
il ne faut pas écrire 0,243 × 0,125, mais 243 × 125, en prenant
le millimètre pour unité, ou 24,3 × 12,5 en prenant le centimètre
pour unité.

On a ainsi pour la surface cherchée
$$243 \times 125 = 30375^{mmq},$$
ou
$$24,3 \times 12,5 = 303^{cmq},75.$$

Pour donner une idée plus claire de l'étendue de la surface
calculée, il convient d'indiquer toujours dans la réponse le
nombre de mètres carrés, puis celui des décimètres carrés, etc.

Ainsi, pour la surface de cette ardoise, on dira :

3 décimètres carrés 3 centimètres carrés 75 millimètres
carrés.

5° Pour des surfaces plus étendues, comme celles d'un département, d'une province, d'un pays quelconque, on emploie
comme unités de surface :

le *kilomètre carré*, c.-à-d. un carré ayant un kilomètre de côté;

le *myriamètre carré*, c'est-à-dire un carré ayant un myriamètre de côté.

Ces deux unités sont nommées *mesures topographiques*.

Le myriamètre carré contient 100 kilomètres carrés; le kilomètre carré contient 100 hectomètres carrés ou 100 hectares.

RÈGLE. — *Pour énoncer en hectares, ares et centiares la surface exprimée en mètres carrés, on sépare sur la droite du
nombre de mètres carrés deux tranches de deux chiffres. La
partie qui reste à gauche exprime les hectares; la tranche suivante, les ares; la seconde tranche, les centiares.*

Par exemple si la surface d'un champ a été trouvée égale
à 24837 mètres carrés, on l'énoncera en disant :

2 hectares 48 ares 37 centiares.

REMARQUE. — Il est bon d'observer que si le côté d'un carré est égal à 10 fois le côté d'un autre carré, la surface du plus grand contient 100 fois la surface du plus petit.

De même si le côté d'un carré est égal à 2 fois, 3 fois, le côté d'un autre carré, la surface du 1er contient 4 fois, 9 fois, celle du second.

Pour avoir une idée nette de cette relation, il est bon de se la mettre sous les yeux. Après avoir tracé un carré, on divise les côtés en 2 parties égales, ou en 3; puis on joint par des droites les points de division correspondants des côtés opposés.

DES VOLUMES

Règles et conseils.

RÈGLES. — 1° Pour trouver le volume d'un cube ou d'un corps à six faces rectangulaires, on multiplie entre eux les nombres qui expriment les trois dimensions : longueur, largeur et hauteur.

Le résultat est un nombre de mètres cubes, si l'unité linéaire est le mètre ; un nombre de décimètres cubes, si l'unité linéaire est le décimètre, etc.

2° En multipliant la longueur par la largeur, on obtient la surface de la base. On peut donc dire aussi : pour trouver le volume d'un corps à six faces rectangulaires, on multiplie le nombre qui exprime la surface de sa base par celui qui exprime sa hauteur.

3° Pour trouver la hauteur d'un corps rectangulaire dont on connaît le volume et deux des trois dimensions, on divise le nombre qui exprime le volume par le produit des deux dimensions connues.

Si le quotient doit être un nombre de mètres, il faut que le volume soit évalué en mètres cubes et le produit des deux dimensions connues en mètres carrés.

4° Quand on veut obtenir la capacité en litres, il faut prendre le décimètre pour unité, puisque le litre n'est autre chose qu'un décimètre cube.

CONSEILS. — 1° Ne dites pas : *je multiplie 5 mètres par 4 mètres et par 3 mètres ; je divise 60 mètres cubes par 12 mètres carrés, par 5 mètres*, mais seulement : *je multiplie 5 par 4 et par 3 ; je divise 60 par 12, par 5.*

2° N'employez pas les mots *mètre, décimètre,* etc., qui désignent des longueurs, pour *mètre cube, décimètre cube,* etc., qui désignent des volumes.

5° Rejetez cette abréviation m^3, aussi vicieuse que l'abréviation m^2, pour indiquer le mètre cube, qui doit être désigné toujours par *mc.*

4° Lorsqu'il s'agit de volumes assez petits, on doit prendre une unité plus petite que le mètre, afin de ne pas charger les nombres de zéros inutiles.

S'il s'agit par exemple de calculer le volume d'un cube qui a 64 millimètres d'arête, on n'écrira pas

$$0,064 \times 0,064 \times 0,064 = 0,000\ 264\ 144,$$

mais, en prenant le centimètre pour unité,

$$6,4 \times 6,4 \times 6,4 = 264^{cmc},144.$$

RÈGLE. — *Pour lire la fraction décimale qui suit un nombre de mètres cubes, on la divise en tranches de trois chiffres à partir de la virgule, et s'il ne reste qu'un ou deux chiffres pour la dernière, on la complète par deux zéros ou un zéro.*

La 1re exprime les décimètres cubes; la 2e, les centimètres cubes; la 3e, les millimètres cubes.

Supposons par exemple qu'en calculant le volume d'un corps en mètres cubes, on ait trouvé $2^{mc},95483$.

Au lieu de dire : 2 mètres cubes 954 millièmes 83 cent-millièmes de mètre cube, on dira :

2 *mètres cubes* 954 *décimètres cubes* 830 *centimètres cubes,*

ce qu'on écrit ainsi : 2^{mc}, 954^{dmc} 830^{cmc}.

En effet, le décimètre cube étant la 1 000e partie du mètre cube, les 954 millièmes de mètre cube sont 954 décimètres cubes.

Le centimètre cube étant la 1 000 000e partie du mètre cube, les 830 millionièmes de mètre cube sont 830 centimètres cubes.

PROBLÈMES SUR LES SURFACES ET LES VOLUMES

128. — La lieue carrée étant un carré de 4 kilomètres de côté, combien y a-t-il de lieues carrées dans la surface de l'Europe, qui a 990 millions d'hectares?

129. — Une rue a 72^m,60 de longueur sur 5^m,50 de largeur. Combien dépensera-t-on pour la paver, si l'on emploie des pierres carrées ayant 22 centimètres de côté, revenant toutes posées à 75 francs le cent?

130. — Un fermier veut semer du lin sur une pièce de terre rectangulaire, ayant 150 mètres de longueur et 80 mètres de largeur, à raison de 180 kilogr. de graines par hectare. Combien dépensera-t-il pour l'achat de la graine, au prix de 30 francs les 100 kilogrammes?

131. — Un tapis rectangulaire a une surface de 3 mètres carrés 60 décim. carrés. On lui ôte dans le sens de la longueur une bande large de 0^m,15; la surface alors n'est plus que les 0,9 de ce qu'elle était d'abord. Quelles étaient les dimensions du tapis?

132. — On pourrait faire une robe avec 6^m,50 d'une étoffe ayant 1^m,20 de largeur; mais l'étoffe qu'on doit employer n'a que 0^m,70 de largeur et coûte 2^{fr},60 le mètre. La façon et les fournitures devant coûter 15 francs, quel sera le prix de la robe faite avec la seconde étoffe?

133. — Une cour rectangulaire a 15^m,60 de longueur et sa largeur est les $\frac{2}{3}$ de la longueur. On veut la couvrir avec des pierres carrées ayant 18 centimètres de côté. Trouver le montant de la dépense, en sachant que le mille de ces pierres coûte 140 francs et que la main-d'œuvre, y compris le mortier, revient à 4^{fr},15 le mètre carré.

134. — Un homme achète deux terrains rectangulaires. Le 1er, qui a 95 mètres de longueur, a été payé 7125 francs, à rai-

son de 300 francs l'are. Le 2ᵉ a 57 mètres de longueur et son prix d'achat est égal aux $\frac{24}{25}$ de celui du 1ᵉʳ. A surface égale, on aurait payé pour le 2ᵉ terrain 2 fois autant que pour le 1ᵉʳ. Trouver la largeur de chacun.

135. — Le pavage d'une rue, longue de 280 mètres, a coûté 29 040 fr., dont 1 540 fr. pour la main-d'œuvre. Chaque pavé couvre une surface de 2 décimètres carrés 0,8 et l'achat des pavés revient à 250 fr. le mille. Trouver le nombre des pavés employés, le prix de revient du mètre carré de pavage et la largeur de la rue.

136. — On veut doubler un tapis rectangulaire ayant 4 mètres de long et 3ᵐ,60 de large. On a pour cela deux sortes de doublure, dont l'une a 60 centimètres et l'autre 90 centimètres de largeur. La 1ʳᵉ coûte 0ᶠʳ,95 le mètre et l'autre 1ᶠʳ,20. On emploie celle des deux qui offre le plus d'avantage; en outre on borde le tapis avec de la bordure coûtant 0ᶠʳ,25 le mètre. L'ouvrière est payée à raison de 15 centimes par mètre carré. Trouver le montant de la dépense.

137. — Trouver la surface d'un plafond rectangulaire ayant un contour de 19ᵐ,58, la largeur étant les 5 sixièmes de la longueur.

138. — On fait placer, à chacune des deux fenêtres d'une chambre, une paire de petits rideaux de mousseline ayant 1ᵐ,85 de hauteur et une paire de grands rideaux de perse ayant une hauteur de 2ᵐ,70. Trouver à combien s'élève la dépense, en sachant que le mètre de perse coûte 3ᶠʳ,60 et le mètre de mousseline $\frac{1}{5}$ du prix du mètre de perse, que la façon et la pose coûtent 25 % du prix d'achat.

139. — Un jardin rectangulaire a 12ᵐ,50 de longueur. Deux allées, perpendiculaires l'une à l'autre, de 1ᵐ,10 de largeur, ayant l'une la direction de la longueur et l'autre celle de la largeur, ont ensemble une surface de 21 mètres carrés 56 décimètres carrés. Trouver combien a coûté l'achat du jardin, à raison de 25 000 francs l'hectare.

140. — Un homme avait acheté, au prix de 4560 francs l'hectare, un champ rectangulaire de 288 mètres de périmètre, ayant

une largeur égale à la 5e partie de la longueur. Il le revend à 5 fr. le mètre carré. Trouver le bénéfice total et le gain pour 100 sur l'argent déboursé.

141. — On veut entourer d'un mur ayant 2m,75 de hauteur un jardin rectangulaire d'une surface de 180 mètres carrés et ayant une longueur égale à 5 fois sa largeur. Trouver la dépense, si le mètre carré revient à 33 francs.

142. — Un propriétaire fait construire un hangar, surmonté d'un plancher à la hauteur de 3m,25, et ayant une largeur de 6m,05. Quelle longueur doit-il lui donner pour que la capacité soit de 245 mètres cubes?

De combien de décimètres cubes cette capacité serait-elle réduite, si l'on prenait pour la longueur le nombre entier de mètres, en négligeant la fraction décimale?

143. — Un bassin de forme rectangulaire a 5m,06 de longueur, 4m,03 de largeur et 2m,07 de profondeur. Lorsqu'il est plein d'eau, on ouvre un robinet par lequel il se vide en 2 heures 48 minutes. Quelle est la quantité d'eau qui s'écoule en 1 minute par le robinet?

144. — Un robinet fournit par minute 3 litres 65 centilitres d'eau. On le laisse ouvert pendant 4 h. 35 m. A quelle hauteur s'élèvera l'eau dans un bassin rectangulaire dont le fond a 1m,50 de longueur et 0m,46 de largeur?

145. — L'hectolitre de charbon de terre pèse en moyenne 75 kilogrammes; combien coûte-t-il, lorsque la tonne vaut 47fr,50? Combien vaudrait un tas de charbon de 72 mètres cubes et demi?

146. — Dans une cuve d'une capacité de 2 mètres cubes 278 décimètres cubes on a versé 3 barriques de vin, contenant chacune 228 litres, du prix de 65 francs l'hectolitre, et 5 autres barriques, contenant chacune 215 litres du prix de 54 francs l'hectolitre. On achève de remplir la cuve avec de l'eau. A combien revient l'hectolitre du mélange?

147. — Un bassin rectangulaire étant plein contient 26 400 litres d'eau. Sa largeur est de 1m,20 et la surface du fond est égale à 9 mètres carrés 60 décimètres carrés. Calculer la longueur et la profondeur.

148. — Une pompe, qui alimente régulièrement un bassin rectangulaire, ayant 1^m,50 de longueur, 1^m,30 de largeur et 0^m,90 de profondeur, pourrait le remplir en 45 minutes. D'un autre côté un robinet pourrait le vider en 18 minutes.

Si l'on suppose qu'il y ait d'abord dans le bassin 1170 litres d'eau, on demande au bout de combien de temps il sera vidé, lorsqu'on fait fonctionner la pompe au même instant que le robinet est ouvert.

149. — Le poids de l'air contenu dans une chambre rectangulaire est égal à 117 kilogr. 208 grammes et 1 litre d'air pèse 1^{gr},3; trouver quel est le volume de cette chambre. Trouver aussi sa longueur, en sachant que sa largeur a 4^m,90 et sa hauteur 3^m,20.

150. — Un robinet a fourni 158 litres d'eau en 2 heures 45 minutes. On le laisse ouvert depuis 1 heure 5 minutes jusqu'à 5 heures 13 minutes. On demande à quelle hauteur s'élève l'eau ainsi versée dans un bassin rectangulaire, ayant 0^m,80 de longueur et 0^m,65 de largeur.

151. — On remplit de mercure aux $\frac{3}{4}$ un vase rectangulaire, dont les trois dimensions ont 15, 12, 7 centimètres. La densité du mercure étant 13,6, calculer le volume de l'eau qui aurait le poids du mercure du vase.

152. — On réduit une masse de plomb, pesant 1 255 kilogrammes, en lames ayant 15 dixièmes de millimètre d'épaisseur. Calculer la surface rectangulaire que ces lames pourraient couvrir, en sachant que 10 centimètres cubes de plomb pèsent autant que 113 centimètres cubes d'eau.

CHAPITRE V

PROBLÈMES SUR L'INTÉRÊT ET L'ESCOMPTE

153. — Une somme, augmentée de la moitié des intérêts qu'elle a produits au bout de 8 mois à 4,50 %, a pris une valeur de 3 508^{fr},45. Quelle est cette somme?

154. — Trouver le capital qui, après avoir été augmenté de ses intérêts à 4,50 % au bout de 8 mois $\frac{2}{3}$, a pris une valeur de 4130 francs.

155. — Une maîtresse de maison, en payant comptant une fourniture de son épicier, obtient une remise de 3 $\frac{3}{4}$ %, et donne ainsi 157^{fr},85. Trouver à combien s'élevait le montant de la fourniture.

156. — Un homme a vendu un pré rectangulaire, ayant 70 mètres de longueur sur 64 mètres de largeur. L'acquéreur, n'ayant pu payer que 6 mois après le jour fixé pour le payement, a dû ajouter au prix d'achat une somme de 39^{fr},20 pour les intérêts calculés à 5 %. Quel a été le prix de vente de l'are de ce terrain?

157. — On achète, au prix de 5 000 francs l'hectare, un champ rectangulaire, ayant 140^m,80 de longueur et 67^m,50 de largeur. Les frais d'acquisition sont de 8 % sur le prix d'achat.

Trouver le taux du placement de cet argent, en sachant que ce terrain est affermé au prix de 2^{fr},25 l'are et que les contributions annuelles, évaluées en moyenne à un total de 34^{fr},20, sont à la charge du propriétaire.

158. — Un propriétaire a un terrain de 47 hectares 10 ares, qui lui rapporte en moyenne 75 francs par hectare. Il en vend le tiers à raison de 2 125 francs l'hectare, et il place au taux de 4,50 % le produit de la vente. De combien son nouveau revenu surpasse-t-il le premier?

159. — Une personne, qui possédait 15 obligations, rapportant chacune 80 francs par an, les a vendues à raison de 1 750 francs l'une. Elle a ensuite placé au taux de 4 % la moitié de la somme retirée de la vente et a mis l'autre moitié dans une entreprise commerciale. Combien cette dernière moitié doit-elle rapporter pour 100, pour que cette personne ait le même revenu qu'auparavant?

160. — Une usine à gaz emploie chaque mois 300 000 kilogrammes de houille. Or 200 kilogr. de houille fournissent 45 mètres cubes de gaz et 50 kilogr. de coke. Le bénéfice net est de 1^{fr},50 par 1 000 hectolitres de gaz et de 5^{fr},50 par tonne de coke. Un capitaliste achète cette usine et son argent lui rapporte ainsi 8 %. Trouver le prix d'achat.

161. — Une personne a prêté une somme à 5 %, et au bout de 3 ans on lui rend cette somme avec les intérêts simples : elle place alors le tout dans une entreprise qui rapporte $6\frac{2}{5}$ %. Trouver quel était le capital primitif, si le dernier placement donne 220^{fr},80 d'intérêt.

162. — Un homme achète de la rente $4\frac{1}{2}$ % sur l'État et le capital employé à cet achat se trouve ainsi placé à $4\frac{1}{11}$ %. A quel cours la rente a-t-elle été achetée, si on ne tient pas compte des frais de courtage?

163. — Un homme vend de la rente $4\frac{1}{2}$ % au cours de 110 francs et avec le produit de la vente il achète 125 obligations de Chemins de fer au cours de 330 francs, rapportant chacune 13^{fr},70 d'intérêts nets par an, déduction faite de l'impôt. Trouver quel était le revenu de cet homme et de combien il se trouve actuellement augmenté.

164. — Un particulier possède 1800 francs de rente $4\frac{1}{2}$ % sur l'État. On demande quel devrait être le cours de cette rente, pour qu'en vendant ses titres et en achetant ensuite, avec le produit de la vente, de la rente 3 % au cours de 82^{fr},50, il eût le même revenu. On ne tiendra pas compte des frais de courtage.

165. — Les $\frac{3}{7}$ d'un capital, étant placés à 6 %, rapportent annuellement 60 francs de plus que le reste placé à 4 %. Quel est ce capital?

166. — Une certaine somme a été placée à intérêts simples pendant 3 ans, et l'intérêt annuel était la 20e partie du capital. En ajoutant à ce capital ses intérêts au bout de ces 3 ans, on a obtenu un total de 4 025 francs. Trouver le capital et le taux du placement.

167. — La rente française 3 % étant au cours de 79^{fr},50 et la rente 4 $\frac{1}{2}$ % au cours de 108^{fr},90, quelle somme de la 1re rente faut-il échanger contre la même somme de la 2e pour faire sur le capital un gain de 5 175 francs?

168. — Avec l'intérêt produit par une certaine somme en 8 mois, au taux de 6 %, on a fait enclore d'un mur coûtant 12^{fr},50 le mètre courant, un jardin rectangulaire ayant 120 mètres de longueur et 61 mètres de largeur. Quelle était cette somme?

169. — Un capital a été placé à intérêts simples, pendant 4 ans, au taux de 5 %. On le place ensuite, augmenté de ses intérêts, dans une entreprise qui rapporte 7,50 %. Le bénéfice annuel est alors de 468 francs. On demande quel était le capital primitif.

170. — Un homme a divisé un capital en deux parties égales. L'une, placée à 5 %, rapporte annuellement 80 fr. de plus que l'autre, placée à 4 $\frac{1}{2}$ %. Quel est ce capital?

171. — Un ménage, qui a un revenu annuel de 3 800 francs, dépense en moyenne, par mois, 254 francs; avec ce qui reste du revenu à la fin de l'année, on achète de la rente 3 % au cours de 81 francs. De combien le revenu sera-t-il augmenté l'année suivante?

172. — Le 8 juin 1880, la rente française 5 % était cotée à la Bourse 115^{fr},415 et la rente 3 % était à 83^{fr},10. Une personne à ce moment employa une somme de 4 155 francs à acheter de la rente 5 %. De combien son revenu annuel était-il plus élevé que si elle avait acheté de la rente 3 %?

173. — Avec l'intérêt annuel d'un capital placé à 4,50 %, un rentier a pu dépenser 247^{fr},50 par mois et acheter une vigne de 28 ares au prix de 6 000 francs l'hectare. On demande quel était ce capital.

174. — Une personne dépose chez un banquier une certaine somme, qui doit produire intérêt à 3 % par an. Au bout de 16 mois, elle retire son argent et reçoit, capital et intérêts réunis, un total de 6 656 francs. Quelle était cette somme?
Trouver aussi de combien le total reçu aurait été augmenté,

si le banquier avait d'abord capitalisé les intérêts du capital à la fin du 12e mois.

175. — On veut payer le 1er juillet une dette de 675 francs avec un billet de 578 francs, dont l'échéance est au 15 octobre. Trouver quelle somme il faut y ajouter, en calculant l'escompte au taux annuel de $5\frac{1}{2}$ %.

176. — Un homme, qui devait 1200 francs payables le 15 novembre, a réglé son compte le 2 septembre. Il donne ce jour-là un billet de 630 francs, payable le 31 décembre suivant, et le reste en argent comptant. Quel est le montant de cet argent, le taux de l'escompte étant 4,50 % ?

177. — Un homme a placé 21000 francs, partie à 5 %, partie à 4,50 % et il retire ainsi annuellement 1010 francs, pour le revenu. Quelles sont les deux parties ?

178. — Une personne, qui avait placé de l'argent à 4,50 %, le retire au bout de 8 mois et touche, pour le capital et les intérêts, la somme de 4635 francs. Elle emploie les intérêts pour ses dépenses et replace le capital au taux de 5 %. Trouver au bout de combien de jours ce nouveau placement aura rapporté le même intérêt que le premier et quel était le capital placé.

179. — Un capital est resté placé pendant 3 ans et demi à intérêts simples et au taux de 4 %. On le retire avec les intérêts échus et on place le tout dans un commerce qui produit 8 %, ce qui fait un revenu de 2950 francs. Trouver quel était le capital primitif.

180. — Trois ouvriers ont placé ensemble une somme totale de 1200 francs. Au bout de 8 ans, ils ont retiré pour le capital et les intérêts simples : le 1er, 792 francs ; le 2e, 528 francs ; le 3e, 264 francs. Trouver quelle était la mise de chacun et le taux de l'intérêt.

181. — Un homme a placé à 4,50 % deux capitaux, dont l'un est le double de l'autre. Avec le revenu de ces capitaux il paye les $\frac{5}{6}$ de son loyer, qui est de 224fr,40 par trimestre. Trouver quels sont ces capitaux.

182. — Un capitaliste a placé la moitié d'une somme a 4,50 % et déposé l'autre moitié dans une banque où l'intérêt est seulement de 2 %. Il retire cette seconde moitié au bout de 4 mois, avec l'intérêt qui est inférieur de 50 francs à celui que la première moitié aurait rapporté au bout du même temps. Quelle est la somme?

183. — Un négociant doit une somme de 2 000 francs exigible aujourd'hui. Il entre en arrangement avec son créancier et il lui remet : un billet de 1 000 francs, payable à 90 jours; un billet de 1 000 francs, payable à 120 jours; le complément en espèces. Quel est le montant de ce complément, si le taux de l'escompte est à 6 %?

184. — On place les $\frac{3}{4}$ d'un capital à 4 % et le reste à 5 % et on retire au bout de 72 jours 12 102 francs, pour le capital et les intérêts. Quel était ce capital?

185. — Un capital de 12 000 francs a été divisé en deux parties. L'une est placée à 6 % et l'autre à 4 % et le revenu ainsi produit est le même que si tout le capital avait été placé à 5,50 %. Trouver les deux parties du capital.

186. — Un homme a engagé un capital dans une entreprise. La 1re année il perd 12 % de cette somme et la 2e année 8 % du reste. La 3e année il gagne 6 % de ce qu'il avait à la fin de la 2e année, et il lui manque alors 3543fr,60 pour retrouver le capital primitif. Calculer ce capital.

187. — Un négociant a souscrit à la même personne un billet de 1 400 francs payable dans 8 mois et un autre billet de 1 000 francs payable dans un an. Puis 3 mois après le jour de la souscription de ces billets, on les remplace par un billet unique payable dans 6 mois. Trouver la valeur nominale de ce billet, le taux de l'escompte étant 6 %.

188. — Un commerçant gagne au bout de la 1re année le 5e de son capital. Avec ce bénéfice joint au capital, il gagne pendant la 2e année la 5e partie de ce 2e capital. Il fait de même pour la 3e année et possède à la fin de cette 3e année 14 472 francs. Quel était son capital primitif?

189. — On emprunte 12 500 francs remboursables au bout d'un an, avec les intérêts à 5 %, ou bien par trois payements

4

égaux faits au bout de 6 mois, 9 mois, 1 an. Quel sera le montant de ces payements égaux ?

190. — Deux capitaux font un total de 180 000 francs. Le 1er placé à 4 % rapporte en 3 mois le double de l'intérêt que produirait l'autre à 5 % pendant 6 mois. Quels sont ces capitaux ?

191. — Un rentier achète 15 obligations d'un chemin de fer, au cours de 595 fr. Chacune rapporte un revenu de 25 fr., dont il faut déduire un impôt de 3 % sur ce revenu, plus un impôt de 0fr,20 par 100 fr. sur le capital. Trouver le capital déboursé pour cet achat et le revenu net de ces obligations, sans tenir compte des frais de négociation.

Y aurait-il avantage à placer la même somme en rentes 3 %, au cours de 81fr,25 ?

192. — Une somme de 7 200 francs a été prêtée à intérêts simples pour un certain temps. Si la durée du prêt était augmentée de 10 jours, l'intérêt total serait augmenté de 12 francs ; si le taux était diminué de $\frac{1}{2}$ %, l'intérêt du prêt serait diminué de 24 francs. Trouver le taux et la durée du prêt. (L'année est de 360 jours.)

193. — Un homme, ayant divisé un capital en deux parties, place la 1re à $5\frac{1}{4}$ % et la 2e à $4\frac{1}{2}$ %, et il obtient ainsi un revenu de 2805 francs. Trouver ces deux capitaux, en sachant qu'on aurait le même revenu en plaçant le capital tout entier au taux de 5 %.

194. — Un homme avait remis à son créancier un billet de 1750 francs payable dans 48 jours et un autre de 3000 francs payable dans 4 mois 5 jours. Il veut les remplacer par un billet unique, payable dans 3 mois. Calculer la somme à porter sur ce billet, le taux de l'escompte étant 6 %.

195. — Un homme achète une maison, et pour la payer il offre trois billets : le 1er de 2 000 francs payable dans 3 mois, le 2e de 4 000 francs payable dans 6 mois, le 3e de 6 000 francs payable dans 9 mois. On remplace ces trois billets par un billet unique payable dans 7 mois. Quel doit être le montant de ce billet, le taux de l'escompte étant 5 % ?

196. — On a souscrit trois billets : le 1er de 600 francs payable dans 4 mois; le 2e de 1 500 francs payable dans 8 mois; le 3e de 700 francs payable dans 10 mois. On propose de remplacer ces trois billets par un billet unique payable dans un an. Calculer le montant de ce billet au taux de 4,50 %.

CHAPITRE VI

PROBLÈMES SUR LES PARTAGES PROPORTIONNELS

197. — Partager une somme de 258 francs entre deux frères, de manière que la part du plus jeune soit les $\frac{3}{5}$ de la part de l'aîné.

198. — Une personne fait distribuer une somme de 300 francs entre trois familles pauvres de son quartier, proportionnellement aux nombres d'enfants de chaque famille. Trouver la part de chacune, la 1re ayant 3 enfants, la 2e 4 et la 3e 5.

199. — Partager la fraction $\frac{3}{4}$ en deux parties telles que la plus petite soit égale aux $\frac{5}{9}$ de la plus grande.

200. — On a partagé le nombre 27 en parties proportionnelles à trois nombres dont les deux premiers sont $\frac{3}{4}$ et $\frac{5}{6}$ et on a obtenu 8 pour la 3e partie. Trouver le 3e de ces nombres et les deux premières parties.

201. — Quatre ouvriers tisseurs travaillent dans le même atelier et au même prix par mètre. A la fin de la semaine, le patron règle leur compte et donne : à Jean 63 francs; à Jacques 50fr,40; à Pierre 35 francs; à Paul 27 francs. Jean ayant fait 34m,50 d'étoffe, trouver le travail fait par chacun des trois autres.

202. — Deux amis ont fait en commun une spéculation où

ils ont engagé 1 600 francs et où ils ont gagné 240 francs. Le 1er a retiré pour sa mise et son bénéfice 1 127 francs. Trouver la mise et le bénéfice de chacun.

203. — Trois frères ont mis ensemble en commerce une somme totale de 15 200 francs, avec laquelle ils ont réalisé un bénéfice de 1 900 francs. Ce bénéfice ayant été partagé proportionnellement aux mises, l'aîné a eu 1 200 francs pour sa part et le second 400 francs. Trouver le bénéfice du cadet et la mise de chacun.

204. — Trois amis se sont associés pour monter un magasin. Le 1er a fourni 15 000 francs; le 2e 18 500 francs; le 3e les $\frac{3}{4}$ du total des deux autres. Au bout de la 1re année ils ont réalisé un bénéfice net de 9 420 francs. Trouver la part de bénéfice de chacun, en sachant que le plus âgé, chargé de la direction générale, doit d'abord prélever $8\frac{1}{2}$ % sur le bénéfice avant la répartition.

205. — Une somme a été partagée proportionnellement à trois nombres, dont le plus petit est 17,21. Trouver les deux autres nombres, les trois parties obtenues étant: la 1re 1567,831; la 2e 1823,822; la 3° 2288,432.

206. — Deux sœurs tricotent des bas de laine, qu'elles vendent 2fr,80 la paire. La laine leur coûte 5fr,60 le kilogramme et 12 paires pèsent 1 kilogr. 980 grammes. En un mois elles ont fait 38 paires, l'aînée faisant 2 fois plus de travail que la cadette. Trouver leur gain total par mois et la part de bénéfice qui revient à chacune.

207. — Trois personnes, ayant à parcourir une distance de 40 kilomètres, louent à frais communs une voiture avec deux autres personnes, qui veulent seulement se rendre à 22 kilomètres du point de départ. On demande pour la voiture 20fr,50. Calculer la part que chaque personne devra payer, en proportion de la distance parcourue.

208. — Une somme de 20 000 francs doit être partagée proportionnellement aux nombres 3, 4, $\frac{22}{7}$. Quelles sont les trois parts?

209. — Une somme doit être partagée entre deux personnes; mais le total de ce qu'elles réclament dépasse de 4 090 francs le montant de la somme. Le partage étant fait proportionnellement à leurs demandes, la 1re reçoit 20 250 fr. et la 2e 16 560 fr. Combien chacune réclamait-elle?

210. — On a partagé une somme de 10 800 fr. entre quatre personnes, de telle sorte que, la 1re ayant $\frac{3}{4}$ d'un franc, la 2e a les $\frac{2}{3}$ d'un franc, la 3e $\frac{1}{2}$ d'un franc et la 4e $\frac{1}{3}$ d'un franc. Trouver les quatre parts.

211. — Un propriétaire a acheté une maison et un jardin. Il a payé pour la maison 4 284 francs de plus que pour le jardin, et le prix du jardin n'est que les $\frac{13}{17}$ du prix de la maison. Trouver le prix de l'une et de l'autre.

212. — Un patron, occupant quatre ouvriers, leur a distribué par portions égales une certaine somme, comme gratification au bout du 1er mois. Au bout du 2e mois il leur distribue une somme supérieure de 108 francs à la 1re, mais d'après leur assiduité au travail. Dans ce nouveau partage le 1er ouvrier reçoit une gratification double de celle du mois précédent; le 2e en reçoit une triple; le 3e une quadruple; le 4e une quintuple. Trouver les deux sommes qui ont été distribuées et les parts des quatre ouvriers.

213. — Un vigneron a vendu à trois marchands 672 hectolitres de vin. Le 2e marchand a pris le quadruple de la quantité achetée par le 1er et le 3e a pris 2 fois et demie autant que les deux autres ensemble. Trouver les nombres d'hectolitres achetés par chacun.

214. — Trois spéculateurs ont engagé ensemble dans une entreprise une somme totale de 31 500 francs, qui leur a rapporté un bénéfice de 1 575 francs. Le partage de ce bénéfice ayant été fait proportionnellement aux mises, le 2e a eu 55 francs de plus que le 1er et le 3e a eu autant que les deux autres ensemble. Trouver les mises et les parts de bénéfice de chacun.

4.

215. — Partager le nombre 72 en trois parties telles que la moitié de la 1re, le tiers de la 2e et le quart de la 3e soient des nombres égaux entre eux.

216. — Trois personnes ont mis en commun dans une entreprise une somme d'argent, qui s'est augmentée du quart de sa valeur et s'est ainsi élevée à 60 500 francs. Trouver la part de chaque personne dans le bénéfice, en sachant que la 1re personne avait fourni les $\frac{3}{8}$ de la somme, la 2e les $\frac{2}{5}$ et la 3e le reste.

217. — Un propriétaire a acheté deux champs, dont l'un a 29 ares 65 centiares de plus que l'autre. Les $\frac{7}{9}$ du 1er égalent les $\frac{10}{11}$ du 2e. Trouver le prix payé pour chacun des deux champs, l'hectare coûtant 9876 francs.

CHAPITRE VII

PROBLÈMES SUR LES MOBILES

218. — Deux voyageurs partent à 5 heures du matin, l'un de Chartres vers Paris et l'autre de Paris vers Chartres, le 1er faisant 6 kilomètres à l'heure et le 2e 9 kilomètres. La distance de ces deux villes est de 90 kilomètres. A quelle heure et à quelle distance de Paris se rencontreront-ils ?

219. — Deux trains, ayant la même vitesse, partent l'un de Paris à 7 heures du matin et l'autre de Lyon à 8 heures, allant l'un vers l'autre, et conservant la même vitesse commune. Trouver quelle est cette vitesse, en sachant que leur rencontre se fait à 240 kilomètres de Lyon, la distance de cette ville à Paris étant de 512 kilomètres.

220. — Un piéton, chargé de porter une commission à une certaine distance, part de la mairie du village et marche à raison de 6 kilomètres par heure. Quelque temps après, une voiture part du même point et suit la même route avec une vitesse de 8 kilomètres par heure. Elle atteint le piéton à 1 500 mètres du point de départ. Combien de temps la voiture est-elle partie après le piéton?

221. — Deux trains partent l'un de Paris pour Mantes à 8 heures et l'autre de Mantes pour Paris à 7 heures 56 minutes, et ils marchent sans arrêt avec une vitesse commune de 55 kilomètres à l'heure. La distance des deux villes étant de 58 kilomètres, trouver à quelle heure et à quelle distance de Paris ils se rencontreront.

222. — La distance de Paris à Tours est 225 kilomètres. Un train part de Paris pour Tours avec une vitesse moyenne de 25 kilomètres par heure. Une heure 48 minutes après, un autre train part de Tours pour Paris avec une vitesse de 35 kilomètres par heure. Au bout de quel temps et à quelle distance de Paris se croiseront-ils, si l'on suppose qu'ils marchent sans s'arrêter à aucune station?

223. — Un train de chemin de fer met un certain temps pour aller d'une station A à la station suivante B. Si sa vitesse était augmentée de 5 kilomètres par heure, le temps du parcours entre A et B ne serait plus que les $\frac{4}{5}$ du premier temps. Calculer la vitesse du train.

224. — Un canotier parcourt 50 mètres par minute en descendant une rivière, et seulement 20 mètres en remontant. Trouver à quelle distance il peut descendre d'un point donné pour qu'en partant à 10 heures 25 minutes du matin il soit de retour au point de départ à 3 heures 5 minutes.

225. — La distance de Paris à Bordeaux est de 578 kilomètres. Un train express partant de Paris à 9 h. 30 m. du matin arrive à Bordeaux à 10 h. 34 m. du soir. Trouver quelle est la vitesse moyenne de ce train.

Trouver aussi à quelle heure arrivera à Bordeaux le train rapide qui part de Paris $\frac{3}{4}$ d'heure avant le précédent, ayant une vitesse moyenne qui surpasse de 19 kilomètres 64 mètres par heure la vitesse de l'autre train.

226. — Un train de chemin de fer part à 6 h. 15 m. du matin et parcourt 10 kilomètres en 11 minutes. Un autre train part du même endroit 2 h. 57 m. plus tard dans le même sens et fait 25 kilomètres en 20 minutes. Trouver la distance du point de départ au point où le 2ᵉ train atteindra le 1ᵉʳ, en supposant qu'ils ne s'arrêtent à aucune station.

227. — Il est 3 heures à une montre ; trouver à quelle heure la grande aiguille sera sur la petite.

228. — Il est 7 h. 14 m. à une montre. Trouver dans combien de temps la grande aiguille sera sur la petite.

229. — Trouver, en degrés, minutes et secondes, l'angle que forment entre elles les deux aiguilles d'une montre, quand il est midi 20 minutes.

230. — Deux marchés A et B sont distants de 17 myriamètres. Le quintal d'avoine coûte 20 francs en A et 21ᶠʳ,50 en B. Les frais de transport sont de 0ᶠʳ,035 par quintal et par kilomètre. Trouver en quel endroit de la route AB l'avoine prise en A ou en B reviendra au même prix.

DEUXIÈME PARTIE

BREVET SUPÉRIEUR

CHAPITRE VIII

OBSERVATIONS SUR L'ESCOMPTE

De l'escompte commercial. — Dans la banque et le commerce, l'escompte n'est autre chose que l'intérêt de la somme énoncée, pour le temps compris entre le jour du payement et celui de l'échéance, l'un de ces deux jours seulement étant compté. Tel est l'escompte *commercial*. Il porte aussi le nom d'*escompte en dehors*.

Par conséquent toutes les règles indiquées pour le calcul de l'intérêt s'appliquent sans aucune différence à l'escompte commercial. Ce n'est qu'un changement de nom : *escompte* au lieu d'*intérêt*.

De l'escompte en dedans. — Dans plusieurs pays étrangers on suit pour l'escompte une méthode un peu différente, qui est désignée dans les traités d'arithmétique par le nom d'*escompte en dedans*.

Au lieu de définir l'*escompte en dedans*, ce qui ne peut se faire avec toute la clarté suffisante, nous dirons de préférence ce que c'est qu'*escompter en dedans*.

DÉFINITION. — *Escompter une somme par la méthode en dedans, c'est remplacer cette somme par le capital qui, après avoir été augmenté de son intérêt pendant le temps compris entre le jour du payement et celui de l'échéance, prendrait une valeur égale à cette somme.*

PROBLÈME. — *Une somme a été prêtée au taux de 5 %, pour 108 jours; augmentée de ses intérêts au bout de ce temps, elle a pris une valeur égale à 852^f,60. Calculer cette somme.*

L'intérêt de 1 franc au bout de 108 jours serait

$$0^f, 05 \times \frac{108}{360} = \frac{5,40}{360} = \frac{0,54}{36} = 0^f,015.$$

Ainsi 1 fr. au bout de 108 jours vaudrait 1^f,015.

Donc autant de fois il y a 1^f,015 dans 852^f,60, autant il y a de francs dans la somme prêtée.

Cette somme est $\dfrac{852,60}{1,015} = 840$ fr.

De ce raisonnement se déduit la règle suivante:

RÈGLE. — *Pour trouver à combien se réduit une somme escomptée par la méthode en dedans, il suffit de diviser cette somme par 1 augmenté de l'intérêt de 1 franc pour le temps indiqué.*

Le montant de l'escompte est la différence qu'il y a entre la somme à escompter et sa valeur après l'escompte.

Observation. — Le plus souvent on ne peut pas obtenir la valeur exacte de l'intérêt de 1 franc, et par suite en divisant la somme donnée par 1 augmenté de cet intérêt, on ne trouve pour quotient qu'un résultat approché, sans qu'on puisse en reconnaître facilement le degré d'exactitude.

Pour éviter cet inconvénient, il vaut mieux conserver l'intérêt de 1 franc sous la forme fractionnaire, comme on va le montrer dans le problème suivant.

PROBLÈME. — *Trouver à combien se réduit par l'escompte en dedans une somme de 1483 francs payable dans 158 jours, le taux de l'escompte étant de 5 %.*

L'intérêt de 1 franc pour 158 jours à 5 % est

$$0, 05 \times \frac{158}{360} = \frac{0,79}{36}.$$

La somme cherchée sera donc:

$$\frac{1483}{1 + \frac{0,79}{36}} = \frac{1483 \times 36}{36,79} = \frac{5\,338\,800}{3\,679} = 1451^f,177$$

NOTA. — *La différence entre les deux escomptes d'une même somme est égale à l'escompte en dehors du montant de l'escompte en dedans, ou à l'escompte en dedans du montant de l'escompte en dehors.*

En effet soit B un billet payable à une certaine échéance; V sa valeur actuelle après l'escompte en dedans, et i l'intérêt de V, c'est-à-dire l'escompte en dedans du billet B.

On aura l'égalité :

$$B = V + i.$$

et par suite :

$$\text{Int. de B} = \text{Int. de V} + \text{Int. de } i.$$

Or l'intérêt de B est l'escompte en dehors du billet B; l'intérêt de V est l'escompte en dedans du billet B; l'intérêt de i est l'escompte en dehors de i. La 1re partie du principe est donc démontrée.

Quant à la seconde, il suffit d'observer que la somme i, supposée payable à l'échéance du billet B, comprend : sa valeur actuelle, plus l'intérêt de cette valeur actuelle de i, lequel n'est que l'escompte en dedans de i.

Cette question est traitée complètement dans notre *Algèbre simplifiée.*

PROBLÈMES SUR L'INTRÉÊT ET L'ESCOMPTE

231. — Un fonctionnaire qui reçoit par an 4 200 francs nets, en économise les $\frac{2}{7}$ à la fin de chaque année et les place aussitôt à intérêts simples à 4,50 %. Trouver la somme qu'il possède ainsi à la fin de la 5e année.

232. — Un homme doit au même créancier 1500 francs payables dans 3 mois et 4 000 francs payables dans 15 mois. On lui propose de remplacer ces deux sommes par un billet unique payable dans 22 mois. Quel sera le montant de ce billet, les intérêts étant simples et à 5 % ?

233. — Un capital, augmenté de ses intérêts en 10 mois, prend une valeur de 29 760 francs. Diminué au contraire des intérêts simples en 17 mois, il se réduirait à 27 168 francs. Trouver ce capital et le taux du placement.

234. — On a placé à intérêts simples et au taux de 5,50 % un premier capital, et en même temps au taux de 4,50 % un autre capital dont la valeur est à celle du premier dans le rapport de 11 à 7. Trouver chacun de ces capitaux, en sachant qu'on a retiré, au bout de 4 ans et 3 mois, la somme de 5 477^{fr},50 pour les capitaux et leurs intérêts réunis.

235. — Un spéculateur place un certain capital à intérêts simples, au taux de 5 %, pendant 3 ans 2 mois. Il joint au capital les intérêts produits; puis il place les $\frac{2}{3}$ du total à 6 % et le reste à 4,50 %. Le revenu total de ces deux placements au bout de l'année étant de 458^{fr},70, trouver quel était le capital primitif.

236. — Deux capitaux, dont le total est de 22 970 francs, sont placés à des taux différents et produisent en 2 ans pour intérêts simples 2 202^{fr},50. L'un des capitaux surpasse l'autre de 4 070 fr. et rapporte par an 250^{fr},75 de plus que l'autre. Trouver les taux auxquels ils sont placés.

237. — Un homme doit au même créancier : une somme de 740 francs payable dans 3 mois; une somme de 840 francs payable dans 4 mois ; une somme de 950 francs payable dans 5 mois. Ils conviennent de remplacer ces trois dettes par une somme de 2530 fr. payable dans 6 mois. A quel taux a été fait le calcul de l'intérêt ?

238. — Un homme place les $\frac{2}{5}$ de sa fortune en achat de terres qui lui rapportent $3\frac{3}{4}$ %, les $\frac{2}{7}$ sur hypothèques à 5 %, et le reste en rentes 3 % achetées au cours de 75 francs. Il se fait ainsi un revenu annuel de 3 516 francs. Quel est le montant de sa fortune ?

239. — Une personne place aujourd'hui 15 832 francs à 5 %, puis 65 jours après 16 940 francs à 5,25 %. Au bout de combien de temps les intérêts simples des deux sommes seront-ils égaux ?

240. — Un rentier place le tiers de sa fortune à 5,25 %, les $\frac{2}{5}$ du reste à 6,50 %, les $\frac{3}{4}$ du nouveau reste à 4,50 %, enfin le reste définitif à $3\frac{2}{3}$ %. Le revenu total ainsi obtenu par an est de 5 460 francs. Trouver le montant de cette fortune.

241. — Un commerçant présente à l'escompte, chez un banquier, trois billets : l'un de 620 francs payable à 60 jours, le 2ᵉ de 840 francs payable à 72 jours et le 3ᵉ de 1200 fr. payable

à 80 jours. Il reçoit du banquier 2627^{fr},72. Quel est le taux de l'escompte ?

242. — On fait escompter chez un banquier deux billets, l'un de 800 francs payable dans 4 mois et l'autre de 1.200 payable dans 7 mois et on reçoit du banquier 1 937^{fr},15. Quel est le taux de l'escompte ?

243. — Deux personnes ont placé, le 1er janvier, la première une somme de 76 788 francs à 5 °/$_0$ et la seconde une somme de 76 395 fr. à 6 °/$_0$. Au bout de combien de jours ces deux personnes retireront-elles la même somme, capital et intérêts compris ?

244. — Un homme possédant 183 000 francs, emploie une partie de cette somme pour l'acquisition d'une maison, et achète un domaine qui lui coûte les $\frac{5}{8}$ du prix de la maison. Il place le reste, une moitié à 5 °/$_0$ et l'autre moitié à 4,50 °/$_0$ et ce placement lui fait un revenu de 4 370 francs. Trouver le prix de la maison, le prix du domaine et les deux sommes placées à 5 et à 4,50 °/$_0$.

245. — Un homme partage son revenu en trois parties. La 1re est destinée à payer son logement ; la 2e la nourriture et l'entretien de sa famille ; la 3e doit éteindre une dette dont les $\frac{2}{5}$ sont déjà payés. La 1re partie est de 470 fr. ; la 2e est égale aux $\frac{5}{12}$ du revenu total ; la 3e surpasse de 700 fr. les $\frac{2}{9}$ de ce revenu. Trouver le montant de ce revenu, chacune de ses trois parties et la dette.

246. — Un homme achète, avec les $\frac{3}{8}$ de sa fortune, un terrain qui lui revient, tous frais payés, à 3 528 francs l'hectare, et il emploie les $\frac{2}{3}$ du reste à l'achat d'une maison. Du capital qui reste après ces deux acquisitions, il retire un revenu de 2 805 fr., les $\frac{3}{5}$ de ce capital étant placés à 4,50 °/$_0$ et l'autre partie à 6 °/$_0$. Trouver la fortune de cet homme, le prix de sa maison, la sur-

5

face du terrain acheté et les deux capitaux qui sont placés à 4,50 et à 6 %.

247. — Un capitaliste place à 5 % les $\frac{4}{5}$ d'une somme, et avec le reste il achète des obligations de chemin de fer, dont chacune coûte 330 fr. et rapporte 15 francs par an. Il retire ainsi un revenu annuel de 6 237 francs. Trouver la somme placée à 5 % et le nombre des obligations.

248. — Un négociant fait escompter le 1er août trois billets, au taux de 3 $\frac{1}{4}$ %. Le 1er billet de 1 536 francs est payable le 27 novembre de la même année et le 2e de 1 224 francs est payable le 12 janvier de l'année suivante. Le 3e billet de 2345 francs est à une échéance telle que la somme totale reçue par le négociant pour ses trois billets est égale à 5 031fr,95. Trouver la date de l'échéance du 3e billet. On comptera les mois comme ayant 30 jours.

249. — Deux billets, dont l'un est payable au bout de 60 jours et l'autre au bout de 45 jours, sont escomptés ensemble au taux de 6 %. Le total des montants des deux billets est de 17 000 fr. et le total des deux escomptes est de 157fr,50. Trouver le montant de chaque billet.

250. — Un banquier donne à un négociant un billet de 80 francs payable dans 103 jours, en échange d'un billet de 61 francs payable dans 9 mois; mais il exige de plus 20 francs en argent. A quel taux a-t-on calculé l'escompte ?

251. — Un négociant a souscrit à un banquier trois billets : le 1er de 533 fr. payable le 15 mai; le 2e de 343 francs payable le 17 juin ; le 3e de 734 francs payable le 22 juillet. Le 15 mai on propose de remplacer ces trois billets par un billet unique égal au total des trois autres. Trouver l'époque à laquelle doit être fixée l'échéance de ce billet.

Démontrer que le résultat est indépendant du taux de l'escompte.

252. — Deux billets, l'un de 840 francs payable dans 84 jours et l'autre de 820 francs payable dans 48 jours, sont escomptés au même taux et on reçoit pour le premier 16fr,10 de plus que

pour le second. Trouver le taux de l'escompte. (L'année sera comptée de 360 jours.)

253. — Deux personnes se présentent chez un banquier, l'une avec un billet de 1500 fr. payable dans 6 mois, l'autre avec un billet de 1 470 fr. payable dans 10 jours. Le banquier les escompte au même taux et la 2ᵉ personne reçoit 12ᶠʳ,55 de plus que la 1ʳᵉ. Trouver le taux de l'escompte.

254. — Un homme a souscrit deux billets, l'un de 6 240 francs payable dans 8 mois et l'autre de 7 632 francs payable dans 9 mois. Il retire ces deux billets et les remplace par un billet unique de 14256ᶠʳ,05 payable dans 1 an. Trouver le taux de l'intérêt.

255. — Un commerçant fait escompter chez un banquier le 1ᵉʳ juillet trois billets : le 1ᵉʳ de 1 235 francs payable le 15 août; le 2ᵉ de 347 francs payable le 25 septembre ; le 3ᵉ de 972 francs payable le 10 novembre de la même année. Il reçoit du banquier une somme de 2 530ᶠʳ,25. Trouver le taux de l'escompte.

256. — Deux capitaux, qui sont entre eux dans le rapport de 5 à 8, ont été placés, le plus petit pendant 2 ans $\frac{1}{4}$ à 5 %, le plus grand pendant 1 an $\frac{1}{3}$ à 4 $\frac{1}{4}$ %. L'intérêt simple produit par le plus petit surpasse de 268ᶠʳ,55 l'intérêt produit par le plus grand. Calculer ces deux capitaux.

257. — L'escompte commercial d'un billet au taux de 5 % est de 20ᶠʳ,25 ; l'escompte en dedans serait de 20 francs. Trouver le montant de ce billet et le nombre de jours au bout duquel arrive son échéance.

258. — Un banquier escompte au taux de 6 % deux billets payables, l'un au bout de 24 jours et l'autre au bout de 35 jours. Avec la somme reçue du banquier, le porteur de ces billets achète de la rente 5 %, au cours de 113ᶠʳ,10, et touche à la fin du trimestre 74ᶠʳ,75 de rente. Trouver les montants des deux billets à moins de 1 franc près, le premier étant les $\frac{5}{12}$ du second.

259. — Un négociant a souscrit trois billets : le 1ᵉʳ de 1 000 francs payable dans 4 mois; le 2ᵉ de 700 francs payable

dans 5 mois; le 3º de 500 francs payable dans 6 mois. Un mois après, le possesseur des trois billets les fait escompter et en retire 2 153 francs. Trouver quel a été le taux de l'escompte, si le banquier a prélevé une commission de $\frac{1}{4}$ º/₀ sur le montant des billets.

260. — Un capital, augmenté de ses intérêts au bout de 10 mois, a pris une valeur de 33 604 francs. On obtiendrait la même somme, si on augmentait de 1 franc le taux du placement en diminuant le temps de 2 mois. Trouver le capital et le taux.

261. — Un homme a engagé sa fortune dans deux entreprises, dont l'une rapporte 7ᶠʳ,50 º/₀ et l'autre 5 $\frac{2}{3}$: Il retire de la 1ʳᵉ un bénéfice supérieur de 2 607 francs à celui de la 2ᵉ. Trouver les deux capitaux, en sachant que s'il avait dans chacune de ces deux entreprises le capital mis dans l'autre, il aurait retiré des deux côtés le même bénéfice.

262. — On doit partager une somme de 38 540 francs entre trois frères âgés, le 1ᵉʳ de 7 ans, le 2ᵉ de 10 ans 6 mois, le 3ᵉ de 11 ans, de telle sorte que chaque part augmentée de ses intérêts simples à 4ᶠʳ,50 º/₀ fasse pour les trois frères la même somme à l'âge de 20 ans. Trouver les trois parts.

263. — Un billet est payable dans 162 jours. Trouver sa valeur nominale, en sachant que si on l'escomptait aujourd'hui, à 6 º/₀, la différence entre l'escompte en dedans et l'escompte en dehors serait de 4ᶠʳ,05.

264. — On partage entre deux enfants, âgés l'un de 3 ans et l'autre de 15 ans, le produit de la vente de 3 000 francs de rente 3 º/₀, au cours de 72 francs. Les parts doivent être telles qu'elles fassent des sommes égales, après avoir été augmentées de leurs intérêts simples à 5 º/₀, au moment où les enfants auront 21 ans. Trouver les deux parts.

265. — Un oncle distribue 9 975 fr. à trois neveux âgés de 5 ans, 9 ans et 11 ans, de telle sorte que les parts, placées aussitôt à intérêts simples à 5 º/₀, deviennent égales entre elles, après avoir été augmentées de leurs intérêts, quand ses neveux auront 21 ans. Trouver les trois parts.

CHAPITRE IX

PROBLÈMES SUR LES PARTAGES PROPORTIONNELS

266. — Un homme divise un capital en trois parties proportionnelles aux nombres 3, 7, 9. Il place la 1re partie à 4 %, la 2e à 4fr,50 %, la 3e à 5 % et retire ainsi par an un revenu de 1520 francs. Quel était ce capital?

267. — Partager une somme de 627 francs entre trois personnes, de telle sorte que le rapport entre la part de la 1re et la part de la 2e soit le même que le rapport de $\frac{2}{3}$ à $\frac{3}{4}$ et que le rapport entre la part de la 3e et la part de la 2e soit le même que le rapport entre $\frac{4}{5}$ et $\frac{8}{7}$.

268. — Partager 1 800 francs entre trois personnes, de manière que la 2e ait les $\frac{2}{5}$ de la part de la 1re plus 150 fr. et que la 3e ait les $\frac{3}{4}$ de la part de la 2e moins 120 fr.

269. — Un oncle laisse 100 000 francs à ses trois neveux âgés de 30 ans, 25 ans et 20 ans, et cette somme doit être divisée entre eux en parties inversement proportionnelles à leurs âges. Trouver la part de chacun.

270. — L'Angleterre entretient à peu près 2 moutons par hectare et la France 35 moutons sur 53 hectares. L'étendue de l'Angleterre étant les $\frac{5}{18}$ de celle de la France, trouver combien on compte de moutons dans chacun des deux pays et l'étendue de chaque pays en hectares, si le nombre total des moutons des deux pays est de 64 832 400.

271. — Un héritage de 314 203 francs est partagé entre trois personnes, de telle sorte qu'en ajoutant à chaque part l'intérêt qu'elle produit en un an, la 1re à 4 %, la 2e à 5 %, la 3e à 6 %, on obtienne trois sommes égales. On demande quelles sont les trois parts?

272. — Avec 5 830 francs on a acheté deux chevaux, qui ont été payés en raison directe de leurs forces, lesquelles sont proportionnelles aux nombres 121 et 144. Trouver le prix de chaque cheval. Trouver aussi le rapport des âges des deux chevaux, en sachant que leurs prix sont inversement proportionnels à ces âges.

273. — Quatre frères sont âgés, le 1er de 3 ans, le 2e de 4 ans, le 3e de 7 ans, le 4e de 9 ans. Trouver dans combien d'années il y aura entre l'âge du 1er et l'âge du 2e le même rapport qu'entre les âges du 3e et du 4e. Indiquer quel sera à ce moment ce rapport.

274. — Pour la pension de cinq étudiants pendant 9 mois, on a payé un capital de 4 800 francs, avec ses intérêts pendant ce temps. Deux autres pendant 16 mois, aux mêmes conditions, ont dépensé un capital de 3 320 francs, le taux de l'intérêt étant le même. Trouver la dépense mensuelle de chacun.

275. — Un homme en mourant lègue une somme à trois neveux Jean, Jacques, Joseph. Jean a le quart de la somme plus le 9e du total des deux autres; Jacques a le 5e de la somme plus le 7e du total des deux autres; Joseph a pour sa part 12 000 fr. Trouver les parts des deux autres.

CHAPITRE X

PROBLÈMES SUR LES MÉLANGES ET LES ALLIAGES

276. — On a fait un mélange de 125 litres d'un vin coûtant 120 fr. l'hectolitre avec 65 litres d'un autre vin du prix de 80 fr. l'hectolitre. Trouver combien il faut y ajouter de litres de vin de la 1re qualité pour que dans 84 litres du nouveau mélange il n'y

ait que 15 litres de la 2º qualité. Trouver aussi le prix de l'hectolitre du 2º mélange.

277. — On a formé un alliage, en fondant ensemble 300 grammes d'un lingot d'argent au titre de 0,700 avec 500 grammes d'un autre lingot d'argent. Trouver quel était le titre du 2º lingot, en sachant que dans 400 grammes de l'alliage ainsi obtenu il y a 309^{gr},50 d'argent fin.

278. — En fondant 525 grammes d'un lingot d'argent au titre de 0,946 avec un autre lingot d'argent, on a obtenu un 3º lingot pesant 2 035 grammes, au titre de 0,900. Quel était le titre du second lingot?

279. — On a fait fondre un lingot d'argent pesant 3 kilogr. 750 gr. avec 5 kilogr. d'argent pur, ce qui a donné un alliage au titre de 0,835. Quel était le titre du lingot?

280. — Un lingot d'argent pesant 3 kilogr. 570 grammes, ayant été fondu avec un autre lingot pesant 5 kilogr. et au titre de 0,835, on a obtenu un nouveau lingot au titre de 0,900. Quel était le titre du 1er lingot?

281. — Un lingot d'argent, au titre de 0,900, a été obtenu en fondant ensemble 65 grammes au titre de 0,835 avec un autre lingot qui était au titre de 0,950. Trouver le poids du lingot ainsi formé.

282. — En ajoutant 390 grammes d'argent fin à une somme formée de pièces de 1 franc et de 2 francs, on a obtenu un lingot au titre de 0,900. Trouver quel était le montant de cette somme.

283. — On a deux lingots d'argent, dont le 2º vaut 39^{fr},70 de moins que le 1er. Le 1er, au titre de 0,900, pèse 900 grammes de moins que le 2º, qui est au titre de 0,800. Trouver le poids de chacun, si le prix de 900 grammes d'argent fin est de 198^{fr},50, en négligeant la valeur du cuivre.

284. — On a payé une somme de 8 680 francs avec des pièces d'argent de 5 francs et des pièces d'or de 10 francs. Le nombre des pièces de 5 francs est à celui des pièces de 10 francs dans le rapport de 54 à 35. Trouver le nombre des pièces de chaque espèce et les poids de la monnaie d'argent et de la monnaie d'or.

285. — On a obtenu un lingot d'argent pesant 3 kilogr. 240 grammes, au titre de 0,900, en fondant ensemble trois lingots, le 1er au titre de 0,950 et pesant 2 kilogr. 100 grammes, le 2e au titre de 0,700 et le 3e au titre de 0,920. Trouver les poids des deux derniers lingots.

286. — Deux lingots d'or, dont les poids sont proportionnels aux nombres 8 et 11, ont été fondus avec 276 grammes de cuivre et le lingot obtenu a produit 12 400 francs en pièces de 20 francs. En outre les poids d'or contenus dans les deux lingots étaient proportionnels aux nombres 5 et 7. Trouver les titres des deux lingots.

287. — Deux lingots, l'un d'or pur et l'autre d'argent pur, ont la même valeur intrinsèque et pèsent ensemble 1 kilogramme. Calculer le volume et la valeur intrinsèque de chacun, en prenant 19 pour la densité de l'or et 10,5 pour celle de l'argent. La valeur intrinsèque du kilogr. d'or pur est 3 437 fr. et celle de 9 kilogr. d'argent 1 958 fr.

288. — Le double décalitre d'avoine valant 2fr,40 et celui d'orge 1fr,70, on prend 24 hectolitres d'avoine pour les mélanger avec une quantité d'orge telle qu'en vendant au prix de 2fr,50 le double décalitre du mélange, on gagne 25 % sur le prix d'achat. Trouver cette quantité d'orge.

289. — Un marchand remplit un tonneau de 228 litres avec deux sortes de vin ordinaire, l'une du prix de 0fr,50 et l'autre du prix de 0fr,65 le litre, et du vin de Bordeaux coûtant 0fr,80 le litre. Il emploie 5 fois plus de vin de Bordeaux que de vin à 50 centimes et 6 fois moins de vin à 50 centimes que de vin à 65 centimes. Trouver : 1° combien il y a de litres de chaque espèce de vin dans le tonneau; 2° le prix auquel le marchand doit revendre le litre du mélange, pour réaliser un bénéfice de 20 % sur le prix coûtant.

290. — On veut former un lingot d'argent au titre de 0,835, en fondant ensemble 3 458 grammes d'un lingot au titre de 0,920 avec trois autres lingots qui sont aux titres de 0,665, de 0,712, de 0,748. Quels poids doit-on prendre de ces trois derniers, s'ils doivent être proportionnels aux nombres 2, 3, 5 ?

CHAPITRE XI

PROBLÈMES SUR LES MOBILES

291. — Deux personnes séparées par une distance de 3 600 mètres partent au même instant, se dirigeant l'une vers l'autre, et leur rencontre a lieu à 2 000 mètres de l'un des points de départ. Si, les vitesses restant les mêmes, la personne qui va moins vite était partie 6 minutes avant l'autre, la rencontre se serait faite au milieu de la distance des deux points de départ. Trouver combien chaque personne parcourait de mètres par minute.

292. — Une voiture, qui parcourt 12 kilomètres à l'heure, part de la ville A pour la ville B. Au moment du départ de cette voiture, un piéton part de la ville B, pour aller dans la direction de A, marchant avec une vitesse de 4 kilomètres à l'heure. Lorsqu'il rencontre la voiture, il y monte pour revenir chez lui, et il met pour s'en retourner 1 heure de moins qu'il n'avait mis à aller à pied jusqu'à la rencontre de la voiture. Trouver la distance de A à B.

293. — Deux trains de chemin de fer font le trajet de Paris à Lyon sans arrêt, l'un en 8 h. 50 m. et l'autre en 18 heures. Le 1er parcourt à chaque heure 29 kilomètres 517 mètres de plus que le 2e. Calculer d'après cela la distance de Paris à Lyon.

294. — Un vaisseau de guerre poursuit un paquebot. A 9 heures du matin, il en est séparé par une distance de 14 kilomètres. Le vaisseau file 15 nœuds à l'heure (le nœud est de 1 852 mètres) et le paquebot dans le même temps ne parcourt que 20 780 mètres. Après une heure de chasse, le paquebot augmente sa vitesse de 4 kilomètres par heure. Trouver à quelle heure le vaisseau pourra lancer son premier obus sur le paquebot, en supposant qu'il ouvre le feu à la distance de 1 800 mètres.

295. — Deux trains de chemin de fer partent au même instant, l'un de Paris pour Lyon et l'autre de Lyon pour Paris,

5.

avec des vitesses différentes et sans s'arrêter. Au bout de 2 h. 5 m., la distance qui séparait les deux trains a diminué de 200 kilomètres, et leur rencontre se fait ensuite au moment où le 1er a parcouru les $\frac{5}{8}$ de la distance de Paris à Lyon. Trouver les vitesses des deux trains.

296. — Un train a parcouru, sans s'arrêter et avec la même vitesse, la distance qui sépare deux villes. Si on lui avait donné une vitesse égale aux $\frac{4}{5}$ de celle qu'il a eue, il aurait mis 27 heures et demie pour effectuer le trajet. Si au contraire il avait pris une vitesse supérieure de 24 kilomètres par heure à la sienne, il n'aurait mis que 8 heures pour faire les $\frac{4}{7}$ du trajet. Trouver la distance des deux villes.

297. — Trois villes A, B, C sont sur la même route. Un courrier, avec une vitesse de 8 kilomètres à l'heure, parcourt la distance de A à B. Aussitôt après son arrivée à B, un piéton part de B et parcourt la distance de B à C à raison de 4 kilomètres par heure. Trouver la durée de chacun de ces deux parcours, si leur durée totale a été de 18 heures, la distance de A à C étant de 100 kilomètres.

298. — Une montre à secondes est mise d'accord le lundi à midi avec une horloge bien réglée, et le jeudi suivant la montre marque 9 h. 40 m. 24 s. du matin au moment où l'horloge indique 9 h. 52 m. 17 s. Trouver de combien de secondes la montre retarde en un jour (de 24 heures).

299. — Une pendule qui avance de 5 minutes en 24 heures, a été réglée le lundi à midi. Quelle est l'heure exacte, quand elle marque le dimanche suivant 10 h. 35 m. du matin?

300. — Il est 2 heures à une montre. A quelle heure l'aiguille des secondes partagera-t-elle en deux parties égales l'angle formé par les deux autres aiguilles?

301. — Un train part de Paris pour Marseille à 6 h. 30 m. du matin et passe à Lyon à 10 h. 30 m. du soir. Un autre train part le même jour de Marseille pour Paris à 7 h. 15 m. du matin et passe à Avignon à 10 h. 41 m. du matin. La distance

de Paris à Marseille est de 863 kilomètres; celle de Paris à Lyon de 512 kilomètres, et celle de Marseille à Avignon de 120 kilomètres. Trouver à quelle heure et à quelle distance de Paris les deux trains se rencontreront, en supposant qu'il n'y ait aucun arrêt.

302. — Un homme parcourt une route en 3 h. 42 m. Au retour, comme il fait 16 mètres $\frac{2}{3}$ de moins par minute, il met 4 h. 37 m. et demi à parcourir le même chemin. Trouver la longueur de la route et le temps employé à parcourir un kilomètre à l'aller et au retour.

303. — Un voyageur prend pour lui et sa suite quatre billets de 2ᵉ classe et un de 3ᵉ classe de Paris à Marseille et paye en tout 377ᶠʳ,45. Au retour il prend deux billets de 2ᵉ classe et trois de 3ᵉ classe et paye alors 334ᶠʳ,85. Or, un billet de 2ᵉ classe coûte par kilomètre 0ᶠʳ,0246 de plus qu'un billet de 3ᵉ classe. Trouver d'après cela : 1° la distance de Paris à Marseille; 2° le prix d'un billet de 2ᵉ classe et le prix d'un billet de 3ᵉ classe.

CHAPITRE XII

PROBLÈMES DIVERS

304. — Trouver le plus petit nombre qui, divisé par 6390 et par 954, donne 18 pour reste dans chacune de ces deux divisions.

305. — Trouver le plus petit nombre entier qui, divisé par chacune des fractions $\frac{8}{15}$, $\frac{9}{35}$, $\frac{6}{25}$, donne pour quotients des nombres entiers.

306. — Une dette, comprise entre 1 000 francs et 1 500 francs, peut être exactement acquittée en pièces de 20 fr., en shellings

(1 fr. 20 c.), en florins d'Autriche (2 fr. 50 c.), en roubles (4 fr.), guinées (25 fr. 20 c.). Calculer cette dette.

307. — Un père en mourant laisse 14700 francs à chacun de ses enfants; mais l'un d'eux venant à mourir, sa part est divisée également entre les survivants et alors chacun d'eux a en tout 19 600 francs. Trouver le montant de la succession et le nombre des enfants.

308. — Un homme achète, au prix de 240 francs l'are, un terrain rectangulaire ayant 178 mètres de long sur 50 mètres de large. Il en revend une partie au prix de 350 francs l'are et le reste au prix de 200 francs l'are; il réalise ainsi un bénéfice de 4000 francs. Calculer la superficie des deux parties du terrain.

309. — Un marchand a acheté 150 mètres de drap à 10^{fr},50 le mètre. Il revend cette marchandise de telle sorte que sur 15 mètres il gagne le prix de vente de 2 mètres. Quel est ce prix de vente?

310. — On a acheté 25 mètres de drap pour une certaine somme. Si le mètre avait coûté 2 francs de moins, on aurait eu 8 mètres de plus pour la même somme. Trouver le prix d'achat du mètre.

311. — Un cultivateur veut employer à l'achat d'une pièce de terre le produit de sa récolte de blé. Il calcule que, s'il peut vendre son blé 16^{fr},45 l'hectolitre, prix moyen du dernier marché, il lui restera 52^{fr},70 en sus du prix de cette terre. Mais s'il ne le vend qu'à raison de 15^{fr},15, prix qu'on lui offre, il lui manquera 55^{fr},20. Trouver combien il a récolté d'hectolitres de blé.

312. — Trouver les poids de deux masses de fer, en sachant que les $\frac{5}{8}$ de la 2e pèsent autant que les $\frac{4}{9}$ de la 1re et que les $\frac{2}{5}$ de la 1re pèsent 96 kilogr. de moins que les $\frac{3}{4}$ de la 2e.

313. — Dans une usine on emploie 50 hommes, 35 femmes et 20 enfants, et le total des salaires payés pour une semaine de 6 journées de travail s'élève à 1 344 francs. Or 8 journées d'homme valent 15 journées de femme et 9 journées de femme

valent 16 journées d'enfant. Trouver les prix de la journée pour l'homme, la femme et l'enfant.

314. — Partager 3 500 francs en 5 parties telles que chacune diffère de la suivante de 200 francs.

315. — Des ouvriers, qui travaillent ensemble, sont répartis en trois groupes, dont le 1er comprend 5 ouvriers de plus que le 2e et 8 de plus que le 3e. Les ouvriers du 1er groupe sont payés à raison de 2fr,25 par jour et par homme; ceux du 2e à raison de 3fr,25; ceux du 3e à raison de 4fr,25. Le total des salaires est de 144fr,75 par jour. Trouver combien il y a d'ouvriers dans chaque groupe.

316. — Un propriétaire envoie à un marchand deux sortes de vin, le 1er du prix de 87 francs l'hectolitre, payable à 80 jours; le 2e du prix de 72fr,50 l'hectolitre, payable à 120 jours. Le marchand veut faire un mélange de ces deux vins, pour avoir 63 hectolitres pouvant être vendus, sans gain ni perte, à 80 francs l'hectolitre, payables dans 3 mois. Trouver combien il doit prendre d'hectolitres de chaque qualité, l'escompte étant calculé sur le taux de 6 %.

317. — Un cultivateur offre de vendre du blé à 24 francs l'hectolitre et du seigle à 18 francs. Un meunier lui achète à ces prix 75 hectolitres d'un méteil composé de $\frac{2}{3}$ de blé et $\frac{1}{3}$ de seigle; mais voulant s'assurer de la loyauté du vendeur, il pèse les échantillons qui lui ont été remis et le méteil qui vient de lui être livré. Le poids de 75 centilitres de blé est de 600 grammes; celui de 80 centilitres de seigle est de 560 grammes et celui de 1 hectolitre et demi de méteil est de 113 kilogr. 500 grammes. Y a-t-il fraude? En ce cas, évaluer le montant en argent.

318. — Trouver un nombre tel que les $\frac{2}{7}$ augmentés du produit de ce nombre par 0,291, et augmentés encore de 9,85, donnent une somme égale à 9,8527.

319. — Un champ a été divisé en deux parties. Les $\frac{3}{7}$ de la 1re égalent les $\frac{2}{5}$ de la 2e, et si l'on retranche des $\frac{9}{13}$ de la 2e les

$\frac{11}{20}$ de la 1re, on obtient pour différence 13 hect. 96 ares. Quelle est l'étendue de chaque partie?

320. — Diviser une somme de 1500 francs entre trois frères. Le 2e doit avoir les $\frac{5}{6}$ de la part de l'aîné, plus 100 francs, et le cadet les $\frac{3}{4}$ de la part du 2e, plus 150 francs.

321. — Un agriculteur achète, au prix de 35 francs l'are, deux champs, qu'il payera dans 1 an 6 mois 10 jours. Les surfaces de ces champs sont telles que si du 1er on retranchait le tiers, le reste serait égal au 2e. Trouver les surfaces de chacun, en sachant qu'au bout du temps indiqué la somme totale à payer pour les deux s'élèvera à 13035^{fr},75, y compris les intérêts simples à 4 %.

322. — Un aubergiste a acheté un certain nombre de litres de vin. En les revendant au détail il en perd 10 litres; cependant la partie vendue lui a donné un bénéfice égal à 17 % de la somme qu'il avait payée pour l'achat total. Si les 10 litres perdus avaient pu être vendus au même prix de détail que les autres, ils auraient produit une somme égale aux 0,03 du prix de l'achat total. Trouver combien de litres avaient été achetés.

323. — Un libraire fait imprimer un ouvrage de 56 feuilles. Il donne par feuille 40 francs pour le compositeur et 5 fr. pour la correction des épreuves. Le papier coûte 13^{fr},50 la rame de 500 feuilles; le cartonnage est de 0^{fr},46 par exemplaire et on dépense 125 francs en annonces. Chaque exemplaire doit se vendre 9 francs et le libraire veut gagner 2000 fr. Combien faut-il tirer d'exemplaires?

324. — Un marchand a vendu à trois personnes une pièce de toile, au prix de 3^{fr},50 le mètre. La 1re a pris le tiers de la pièce plus 4 mètres; la 2e la moitié de ce qui restait plus 6 mètres; la 3e a payé 164^{fr},64 le coupon restant, déduction faite d'un escompte de 2 %. Trouver les longueurs de la pièce et des parts de chaque personne.

325. — Un robinet A peut remplir un bassin en 4 h. 48 m. On le laisse couler seul pendant 1 h. 36 m.; puis on ouvre un

robinet B et au bout de 48 minutes le bassin est rempli par les deux robinets coulant ensemble.

Trouver combien de temps il faudrait pour remplir le bassin : 1° si le robinet B était seul ouvert ; 2° si A et B étaient ouverts ensemble ; 3° si on fermait A au moment où l'on ouvre B ; 4° si dans la 1re expérience, au moment où l'on ouvre B, on ouvrait en même temps un robinet C vidant le bassin et laissant écouler une quantité d'eau égale à celle que fournit A.

326. — Un propriétaire tire un revenu de 7 % d'une maison à cinq étages, qui lui coûte 325 000 francs. Trouver le prix de location de chaque étage, en sachant que le prix du 1er vaut 6 fois celui du 5e ; que le prix du 2e est les $\frac{2}{3}$ de celui du 1er ; le prix du 3e la moitié de celui du 1er, et le prix du 4e le tiers du prix du 1er.

327. — Un bassin de 21 hectolitres peut être rempli d'eau au moyen de deux robinets. En ouvrant le 1er pendant 4 heures et le 2e pendant 5 heures, on a obtenu 900 litres d'eau. Si on avait laissé couler le 1er pendant 7 heures et le 2e pendant 3 heures et demie, on aurait eu 1 260 litres d'eau. Trouver combien chaque robinet fournit de litres par heure, et en combien de temps ils rempliraient le bassin en coulant ensemble.

328. — Trois fontaines versent de l'eau dans un bassin. La 1re et la 2e coulant ensemble le rempliraient en 1 heure $\frac{5}{7}$; la 2e et la 3e en 2 h. $\frac{2}{9}$; la 1re et la 3e en 1 h. $\frac{7}{8}$. Trouver le temps que chaque fontaine emploierait pour remplir seule le bassin ?

329. — Au bout de 5 ans un commerçant a gagné 54 000 fr. La 2e année il a économisé $\frac{2}{9}$ de plus de ce qu'il avait économisé au bout de la 1re ; la 3e année 12 885 francs ; la 4e année le 11e de moins de ce qu'il avait économisé dans la 2e ; enfin la 5e année autant que la 2e année plus 115 francs. Calculer ce qu'il avait gagné pendant chaque année.

330. — Au moment où un propriétaire se dispose à vendre son blé et son vin, il survient une baisse de 6 fr. par hectolitre

sur le prix du vin et une hausse de $2^{fr},50$ par hectolitre sur le prix du blé. S'il vendait tout dans ces nouvelles conditions, il perdrait 300 francs sur le produit que la vente lui aurait donné sans ces changements de prix. Or il vend la totalité de son blé et seulement les 2 tiers de son vin et il retire la même somme qu'il aurait eue en vendant tout avant ce changement de prix. Trouver combien il avait de blé et de vin à vendre.

331. — Un chemin, long de 800 mètres et large de 7 mètres, empierré sur une largeur de 3 mètres, a coûté 10 968 francs. L'hectare de terrain avait coûté 7 500 francs. Le gravier a été placé sur une couche de marne, avec une épaisseur qui n'est que les $\frac{3}{5}$ de celle de la marne. Le mètre cube de marne n'a coûté que les $\frac{4}{5}$ du prix du mètre cube de gravier. Calculer l'épaisseur de la couche de marne et celle de la couche de gravier, si le mètre cube de marne coûtait $4^{fr},80$.

332. — Une cour rectangulaire a une longueur égale à 2 fois $\frac{1}{3}$ sa largeur. On se propose de l'agrandir, en allongeant d'un quart chacune de ses dimensions ; la superficie aura alors 18 900 mètres carrés. Trouver les dimensions primitives de la cour et celles qu'elle a après l'agrandissement.

333. — Un champ rectangulaire a été cultivé en betteraves. De la récolte on a retiré 2 651 kilogr. 88 décagrammes de sucre, et ce poids n'est que les 0,07 du poids des betteraves. Trouver les dimensions de ce champ, en sachant qu'elles sont entre elles dans le même rapport que les nombres $4\frac{1}{7}$ et 9, et qu'on a récolté 3 kilogr. $\frac{2}{3}$ de betteraves par mètre carré.

334. — Un capital placé à intérêts simples, pendant 3 ans et 4 mois, au taux annuel de $5\frac{1}{4}$ %, a acquis, par l'augmentation de ses intérêts, une valeur de $100\,953^{fr},65$. Le capital primitif représentait les $\frac{7}{9}$ du prix de vente d'un champ carré. Trouver la

longueur de ce champ, en sachant que le prix de l'hectare était de 7 650 francs.

335. — Deux vases, de même poids et d'égale capacité, sont sur les deux plateaux d'une balance, l'un rempli d'eau et l'autre ne contenant autre chose qu'un cube métallique massif d'une densité égale à 9. Dans ces conditions le poids du second vase dépasse de 5 kilogr. 779 grammes le poids du 1er. En outre pour remplir d'eau le 2º vase, en y laissant le cube, il faudrait y enverser 4 litres 869 millièmes de litre. Trouver la longueur de l'arête du cube et la capacité des vases.

336. — Un vase plein d'eau en contient 5 litres. On y plonge un cube de pierre; une certaine quantité d'eau en sort et le poids du vase plein se trouve alors augmenté de 2100 grammes. Si on enlève le cube de pierre, pour mettre à sa place un cube de même volume formé d'un marbre dont la densité est les $\frac{5}{6}$ de celle du cube de pierre, le poids du vase plein se trouve inférieur de 600 grammes au poids du vase contenant le cube de pierre.

Trouver le volume, le poids et la densité de chaque cube.

CHAPITRE XIII

RÈGLES PRINCIPALES
SUR LA MESURE DES SURFACES ET DES VOLUMES

NOTA. — Les règles concernant la surface du rectangle et du carré et le volume d'un corps à six faces rectangulaires ont déjà été énoncées au chapitre IV.

Triangle. — *La surface d'un triangle est égale au demi-produit de sa base multipliée par sa hauteur.*

Losange. — *La surface d'un losange est égale au demi-produit de ses deux diagonales multipliées entre elles.*

Parallélogramme. — La surface d'un parallélogramme est égale au produit de sa base multipliée par sa hauteur.

Trapèze. — La surface d'un trapèze est égale au demi-produit de la hauteur multipliée par la somme des deux bases.

Polygone quelconque. — Pour trouver la surface d'un polygone, on le décompose en triangles, soit par des diagonales, soit par des droites menées d'un point quelconque du polygone à tous les sommets ; on cherche ensuite la surface de tous ces triangles et on en fait la somme.

Polygone régulier. — On obtient la surface d'un polygone régulier en multipliant la moitié de son périmètre par la perpendiculaire menée du centre sur un côté quelconque.

Circonférence et cercle. — 1° La circonférence est égale au produit du diamètre par le nombre π.

On prend pour ce nombre $3\frac{1}{7}$ ou 3,14 ou 3,1416, suivant le degré d'exactitude qu'on veut obtenir.

2° La surface du cercle est égale au demi-produit de la circonférence multipliée par le rayon.

3° On peut aussi obtenir la surface du cercle en multipliant le carré du rayon par le nombre π.

Prisme droit. — 1° Le volume d'un prisme droit est égal au produit de la surface de sa base multipliée par la hauteur.

2° La surface latérale d'un prisme droit est égale au produit du périmètre de sa base par la hauteur.

Cylindre. — 1° Le volume (ou capacité) d'un cylindre est égal au produit de la surface de la base multipliée par la hauteur.

2° La surface latérale d'un cylindre est égale au produit de la circonférence de sa base multipliée par la hauteur.

Prisme quelconque. — Le volume d'un prisme quelconque est égal au produit de la surface de sa base multipliée par la hauteur.

Pyramide et cône. — 1° Le volume d'une pyramide ou d'un cône est égal au tiers du produit de sa base multipliée par la hauteur.

2° La surface latérale d'un cône est égale au demi-produit de la circonférence de la base multipliée par la droite menée du sommet à cette circonférence.

Cône tronqué ou tronc de cône. — 1° *Pour connaître le volume d'un cône tronqué, on fait le carré du rayon de chacune des deux bases, puis le produit de ces deux rayons et on multiplie le tiers de la somme de ces trois produits par le nombre π et par la hauteur.*

2° *Pour trouver la surface courbe du cône tronqué, il faut multiplier la demi-somme des circonférences des deux bases par la droite menée sur cette surface d'une circonférence à l'autre.*

Sphère. — 1° *La surface de la sphère est égale à quatre fois la surface du cercle qui aurait le même rayon.*

2° *Le volume de la sphère est égal au tiers du produit de sa surface multipliée par le rayon.*

Volume des tas de sable ou de cailloux. — 1° Les tas de pierres cassées, destinées à l'entretien des routes, ont ordinairement pour base sur le sol un rectangle et se terminent à leur partie supérieure par une arête parallèle au sol.

Règle. — *Pour trouver le volume de ce tas, on multiplie la hauteur du tas au-dessus du sol par la demi-largeur; puis on multiplie le résultat par le tiers de la somme des deux longueurs égales du rectangle de base et de l'arête supérieure.*

2° Quand le tas se termine à sa partie supérieure par un rectangle, on suit la règle suivante.

Règle. — *Pour trouver le volume de ce tas, on multiplie la demi-somme des longueurs des deux rectangles par la demi-somme des deux largeurs et par la hauteur; puis à ce résultat on ajoute le produit obtenu en multipliant la demi-différence des deux longueurs par la demi-différence des deux largeurs et par le tiers de la hauteur.*

PROBLÈMES DE GÉOMÉTRIE

337. — La surface d'un champ, limité par trois chemins qui se croisent deux à deux, est de 88 ares 15 centiares, et le plus long des trois côtés a 205 mètres. Trouver la distance du sommet à ce côté.

338. — On veut faire un parquet rectangulaire, avec des planchettes en forme de parallélogrammes, dont le plus grand côté a 0^m,45 et le plus petit 0^m,31, la largeur du parallélogramme entre ses deux plus grands côtés étant de 0^m,22. Combien

emploiera-t-on de ces planchettes, si la longueur du parquet a $9^m,32$ et sa largeur $6^m,15$?

339. — Trouver la surface d'un losange dont les deux diagonales sont l'une les $\frac{2}{3}$ de l'autre, la longueur totale des deux diagonales étant de $4^m,20$.

340. — Quelle largeur faut-il donner à un jardin rectangulaire, avec une longueur de 61 mètres, pour que sa surface soit équivalente à celle d'un autre jardin ayant la forme d'un trapèze, dont les deux côtés parallèles ont l'un 70 mètres et l'autre 58 mètres, leur distance étant de $46^m,80$?

341. — Le plancher d'une chambre a la forme d'un trapèze, dont les côtés parallèles ont, l'un $9^m,46$, et l'autre $7^m,58$. La distance de ces deux côtés est de $8^m,25$. Calculer la surface de ce plancher.

342. — Un pré est limité par quatre côtés, dont deux sont parallèles et ont l'un $234^m,60$ et l'autre $194^m,70$; la distance de ces deux côtés est de 158 mètres. Trouver la surface de ce pré.

343. — Un jardin, qui a la forme d'un trapèze, a une surface de 56 ares 10 centiares. Les deux côtés parallèles ont l'un $86^m,40$ et l'autre $64^m,20$. Calculer la distance qu'il y a entre ces deux côtés.

344. — Une pièce de terre se trouve enclavée entre trois chemins. Son plus grand côté a 246 mètres et la perpendiculaire qui mesure la distance du sommet opposé à ce côté a 108 mètres. Trouver la somme qu'on donnera pour acheter ce terrain, au prix de $42^{fr},75$ l'are.

345. — Un champ en forme de trapèze a une surface de 1 hectare 33 ares. La plus grande base surpasse la plus petite de 28 mètres et leur distance est de 97 mètres. Calculer ces deux bases.

346. — Il faut 1 hectolitre de froment pour ensemencer un champ de 35 ares. Quelle quantité en faudra-t-il pour un champ de forme triangulaire ayant 235 mètres de base et 84 mètres de hauteur ?

347. — Trouver les deux bases d'un trapèze qui a une surface

de 1 are, ces deux bases étant l'une les $\frac{3}{5}$ de l'autre et séparées par une distance de 10 mètres.

348. — Une cour a la forme d'un quadrilatère dont la plus grande diagonale est longue de 35 mètres. Les distances des deux sommets opposés à cette diagonale ont l'une 14m,6 et l'autre 12m,5. Calculer la surface de cette cour.

349. — En désignant par a la plus grande des deux dimensions d'un rectangle et par b la plus petite, chercher quel changement se produit dans la grandeur de sa surface : 1° quand on diminue a et qu'on augmente b d'une même longueur; 2° quand on augmente a et qu'on diminue b d'une même longueur.

350. — Calculer le diamètre d'une circonférence dont le contour est égal à 13m,343.

351. — Calculer la longueur d'un arc de circonférence de 78°, le rayon étant égal à 2m,68.

352. — Calculer la longueur d'un arc de 74° 38′, le rayon de la circonférence ayant 5m,32.

353. — Calculer le rayon d'une circonférence, sur laquelle un arc de 108° a une longueur de 4m,127.

354. — Calculer le diamètre d'une circonférence en sachant qu'un arc de 58b 43′ a une longueur de 1m,612.

355. — Dunkerque étant situé sur le méridien de Paris, calculer en kilomètres et en hectomètres la distance de ces deux villes, le long du méridien, la latitude de Paris (prise au Panthéon) étant de 48° 50′ 49″ et celle de Dunkerque 51° 2′ 12″.

356. — La ville de Prades, située sur le méridien de Paris, est le chef-lieu d'arrondissement le plus méridional de la France et sa latitude est de 42° 37′ 7″. Calculer en kilomètres et en hectomètres sa distance à Paris, le long du méridien.

357. — Calculer en lieues de 4 kilomètres le rayon de la terre supposée sphérique, le quart du méridien ayant 10 millions de mètres.

358. — Les deux roues d'une voiture font 200 tours par kilomètre. Quel est le diamètre de ces roues?

359. — Trouver le nombre de degrés, minutes et secondes d'un arc dont la longueur serait égale à celle du diamètre de la circonférence.

360. — Le rayon d'un cercle a 0m,579. Trouver la longueur de l'arc de 27° 32'.

361. — Un voyageur a parcouru une route unie dans une voiture dont les deux roues de derrière ont 1m,68 de diamètre et les roues de devant 0m,96. On a compté, au moyen d'un mécanisme particulier, que, pendant le trajet, les petites roues ont fait 2100 tours de plus que les grandes. Trouver quelle est la longueur du trajet.

362. — Calculer la surface d'une table circulaire qui a un diamètre de 2m,18.

363. — Un tapis circulaire de laine noire est bordé d'une bande de laine rouge formant couronne. La surface totale du tapis et de la couronne est de 98 mètres carrés 47 décimètres carrés. Trouver le rayon du cercle formé par l'étoffe noire.

364. — Trouver la surface d'un secteur circulaire, dont le rayon a 12m,38 et l'arc 54° 36'.

365. — Trouver le rayon d'un secteur circulaire, qui a une surface de 80 mètres carrés et un arc de 72° 48'.

366. — On a mesuré avec un cordon le contour d'un bassin circulaire et on a trouvé 28m,45. Calculer la surface de ce bassin.

367. — Un bassin circulaire est environné d'une bande de gazon circulaire aussi, ayant 1 mètre et demi de largeur. Trouver la surface recouverte par ce gazon, le diamètre du bassin ayant 15 mètres.

368. — Dans un carré ayant 8m,50 de côté est inscrit un cercle; trouver la surface totale des quatre parties du carré qui restent en dehors du cercle.

369. — Deux cercles concentriques ont des rayons dont le rapport est celui des nombres 7 et 3, et la couronne comprise entre les deux circonférences a 19 décimètres carrés. Calculer les rayons des deux cercles.

370. — Un mur ayant 7m,24 de hauteur, quelle longueur

doit avoir une échelle, pour que l'une de ses extrémités atteigne le sommet du mur, quand la base est à 3 mètres du pied du mur.

371. — Une place carrée a 124 mètres de côté. Trouver combien on a de mètres de moins à parcourir, pour aller d'un angle à l'angle opposé, en suivant la diagonale au lieu de suivre les deux côtés.

372. — Calculer la longueur de la diagonale d'une place rectangulaire, dont la longueur a 324 mètres et la largeur 286 mètres.

373. — Trouver le périmètre d'un losange dans lequel une des diagonales a 12 mètres et l'autre 9 mètres.

374. — Trouver la hauteur d'un triangle équilatéral dont le côté a 5 mètres.
En déduire la règle à suivre pour trouver immédiatement cette hauteur, quand le côté est donné.

375. — Calculer la surface d'un triangle équilatéral dont le côté a 7 mètres.
En déduire la règle à suivre pour trouver immédiatement cette surface, quand le côté est donné.

376. — Un cube massif en plomb pèse 1 kilogramme. Calculer son arête, la densité du plomb étant 11,35.

377. — La surface totale intérieure d'un cube de tôle (sans couvercle) est de 5 mètres carrés 8 décimètres carrés. Calculer la capacité de ce cube.

378. — Une caisse rectangulaire, dont les deux faces opposées formant les extrémités sont deux carrés égaux, présente intérieurement une surface totale de 8 mètres carrés (sans couvercle), et sa longueur est triple de sa largeur. Calculer les trois dimensions de cette caisse et sa capacité.

379. — Trouver les dimensions et la capacité d'une boîte rectangulaire en fer-blanc (sans couvercle). Le fond est un rectangle, dont la longueur est double de la largeur et la profondeur est égale à la largeur; le fer-blanc dont la boîte est faite pèse 2 décagrammes par décimètre carré et la boîte vide pèse 90 grammes.

380. — Calculer les trois dimensions d'un parallélipipède

rectangle, en sachant qu'elles sont proportionnelles aux nombres 3, 5, 7 et que la somme des aires des six faces est égale à 65 décimètres carrés.

381. — Une pyramide régulière en fer massif a pour base un carré de 0^m,5 de côté. La hauteur abaissée du sommet et tombant au centre de la base a 0^m,08. Calculer le poids de cette pyramide, la densité du fer étant 7,80.

Calculer aussi la longueur des quatre arêtes latérales menées du sommet aux quatre sommets de la base.

382. — Trouver la surface latérale d'un cône ayant à sa base un diamètre de 0^m,68, la distance de son sommet à la circonférence de la base étant de 0^m,75.

Trouver aussi la hauteur du cône.

383. — On découpe sur une feuille de cuivre un secteur circulaire, ayant 0^m,75 de rayon et un angle de 136°; puis on en fait un cône en soudant l'un à l'autre les deux côtés du secteur. Trouver le diamètre du cercle formant la base du cône.

384. — Une feuille carrée de papier fort à 0^m,40 de côté et de l'un des sommets pris pour centre on décrit sur sa surface un arc joignant les extrémités des deux côtés issus de ce sommet. Avec le secteur ainsi obtenu on forme un cône, en faisant coïncider l'un avec l'autre les deux côtés. Trouver le diamètre de la base du cône.

385. — Calculer la hauteur du cône du problème précédent et son volume.

386. — Calculer la surface courbe d'un vase en zinc, ayant un diamètre de 0^m,38 dans le fond et une circonférence de 1^m,18 à l'ouverture, la distance de cette circonférence à celle du fond étant de 0^m,45.

387. — Trouver la hauteur d'un cône massif en cuivre jaune, pesant 100 kilogrammes, la circonférence de sa base ayant 0^m,90 et la densité du cuivre jaune étant 8,40.

388. — On a fait peindre la surface extérieure d'une cuve cylindrique, à raison de 0^{fr},35 par mètre carré. A combien s'élève la dépense, si la hauteur de la cuve est égale à son diamètre, la circonférence ayant 8^m,24 ?

389. — On a fait creuser dans un jardin un bassin cylindrique

ayant 1m,06 de profondeur et un diamètre de 7m,42. Calculer la surface intérieure, en y comprenant celle du fond.

390. — Un seau cylindrique a une profondeur égale à son diamètre, et sa surface totale, celle du fond comprise, est de 1 mètre carré. Calculer son diamètre.

391. — Quel est le poids d'un cylindre massif en cuivre jaune, ayant une longueur de 0m,38 et un diamètre de 0m,09? La densité du cuivre jaune est 8,40.

392. — Calculer le poids d'un tuyau cylindrique de plomb, ayant 2 mètres et demi de longueur, un diamètre intérieur de 0m,36 et une épaisseur de 0m,008. La densité du plomb est 11,4.

393. — Chercher la surface d'un globe terrestre ayant un diamètre de 35 centimètres.

394. — Chercher la surface intérieure d'un bassin de cuivre en forme de demi-sphère, la circonférence du bord ayant 1m,24.

395. — Calculer le volume d'un boulet de fonte, qui a un diamètre de 25 centimètres. Calculer aussi son poids, en supposant que la densité de la fonte est 7,5.

396. — Un litre en fer-blanc est plein de lait et on y introduit une sphère massive de même diamètre. Quelle est la quantité de lait qui s'écoulera au dehors et la quantité qui remplira l'espace compris autour de la sphère? La profondeur est égale au diamètre.

397. — Traiter le même problème pour le litre servant à mesurer le vin, en se rappelant que la profondeur est double du diamètre.

398. — Trouver le diamètre intérieur d'un bol hémisphérique qui est rempli par 800 grammes d'eau.

399. — Une boule en cuivre, ayant un diamètre de 0m,08, a été dorée par la galvanoplastie, et son poids s'est ainsi augmenté de 100 grammes. Calculer l'épaisseur de la couche d'or, la densité de l'or étant 19,20.

400. — Calculer le rayon intérieur d'un cylindre ayant la capacité d'un litre et une profondeur égale à son diamètre.

TROISIÈME PARTIE

COMPOSITIONS DE SCIENCES PROPOSÉES DANS LES EXAMENS DES DEUX BREVETS DE L'ANNÉE 1887

BREVET ÉLÉMENTAIRE

ASPIRANTES. — EXAMENS A PARIS

I. — Séance du 18 avril.

1° Théorie. — Diviser $\frac{8}{25}$ par $\frac{4}{15}$; théorie de l'opération. — Dans ce cas particulier, est-on obligé d'appliquer la règle générale?

2° Problème. — Un marchand achète 18 chevaux et 14 bœufs moyennant 15 000 francs. Une autre fois il achète 12 chevaux et 26 bœufs aux mêmes prix que les premiers et paye aussi 15 000 francs. A combien revient chaque bœuf et chaque cheval?

II. — Séance du 19 avril.

1° Théorie. — Donner (sans la démontrer) la règle à suivre pour trouver le plus grand commun diviseur de deux nombres : 1° par la méthode des divisions successives; 2° par la méthode de la décomposition en facteurs premiers. Laquelle des deux est préférable?

Exemple. — Trouver le plus grand commun diviseur des deux nombres 1 688 et 1 780.

2° Problème. — Deux lieux A et B sont situés sur le même méridien. La latitude de A est 7° 28' 5" au nord; celle de B est sud et surpasse celle de A des $\frac{5}{8}$ de celle-ci. On demande quelle est en kilomètres la distance de ces deux lieux.

III. — Séance du 25 avril.

1º THÉORIE. — Règle des partages proportionnels. La démontrer sur l'exemple suivant :

Partager 4 500 francs proportionnellement aux nombres 7, 8, 15.

2º PROBLÈME. — Un marchand achète 15 pièces de vin pour 1 200 francs. Il a payé 92^{fr},50 de droits et 20^{fr},40 pour le transport. Chaque pièce contenait 220 litres et il s'en est perdu 3 $^0/_0$ par évaporation. Combien doit-il revendre le litre pour gagner 285 francs sur son marché?

IV. — Séance du 26 avril.

1º THÉORIE. — Dans quels cas n'est-il pas nécessaire de réduire : 1º deux fractions; 2º deux expressions fractionnaires, au même dénominateur, pour savoir laquelle des deux est la plus grande? Donner des exemples.

2º PROBLÈME. — Deux capitaux, qui sont entre eux dans le rapport de 5 à 6 ont été placés, le plus petit pendant 3 années un quart à 5 $^0/_0$, le plus grand pendant 2 années $\frac{2}{3}$ à $4\frac{1}{4}$ $^0/_0$. L'intérêt simple produit par le plus petit a surpassé de 291^{fr},50 celui qu'a donné le plus grand. Calculer ces deux capitaux.

V. — Séance du 4 juillet.

1º THÉORIE. — Réduction des fractions au même dénominateur. Démonstration de la règle.

Exemple : $\frac{5}{8}, \frac{11}{7}, \frac{4}{9}$.

Réduction au plus petit dénominateur commun.

Exemple : $\frac{37}{84}, \frac{89}{132}, \frac{77}{120}$.

2º PROBLÈME. — Un industriel a consacré les $\frac{3}{5}$ de sa fortune à la création d'une usine, et les $\frac{2}{5}$ restant au fonds de roulement. Au bout de la 1re année d'exploitation, son avoir a augmenté du tiers de sa valeur. Au bout de la 2e année, il est les $\frac{5}{4}$ de ce qu'il était à la fin de la 1re. Enfin au bout de la

3e année, ce qu'il avait à la fin de la 2e est augmenté de 20 %; il a alors 231 200 francs.

On demande quelle était sa fortune primitive et ce que lui a coûté son usine.

VI. — Séance du 5 juillet.

1º Théorie. — Expliquer pourquoi un nombre est divisible : par 4, lorsque le nombre formé par ses deux derniers chiffres est divisible par 4; par 25, lorsque le nombre formé par ses deux derniers chiffres est divisible par 25.

2º Problème. — On emploie 145 mètres d'une étoffe ayant $\frac{5}{4}$ de mètre de largeur, pour faire des robes d'uniforme aux 25 élèves d'un pensionnat. Deux ans après, l'uniforme étant changé et le pensionnat augmenté de 7 élèves, trouver combien il faut de mètres de la nouvelle étoffe, dont la largeur a seulement $\frac{5}{6}$ de mètre, et ce qu'il faudra payer pour cet achat, si le mètre coûte 5fr,25.

VII. — Séance du 10 octobre.

1º Théorie. — Donner et démontrer la règle de la division de deux fractions sur l'exemple suivant :

$$\frac{128}{175} : \frac{16}{25}.$$

Ne pourrait-on pas obtenir le quotient en divisant le numérateur de la 1re fraction par le numérateur de la 2e, et le dénominateur de la 1re par le dénominateur de la 2e?

2º Problème. — Une propriété de 250 hectares a été vendue en quatre lots. Le 1er a été vendu les $\frac{3}{7}$ de la valeur de la propriété; le 2e les $\frac{7}{9}$ du prix du 1er; le 3e les $\frac{9}{25}$ du prix du 2e. Le 4e lot a été vendu 7 000 francs. On demande le prix de la propriété et la valeur de l'hectare.

VIII. — Séance du 11 octobre.

1º Théorie. — Donner la règle pour faire la soustraction de

de deux nombres entiers accompagnés de fractions et l'appliquer à l'exemple suivant :

soustraire $48.327\frac{77}{144}$ de $84.700\frac{5}{8}$.

Secondement, soustraire 6 heures 54 minutes 47 secondes de 17 heures 8 minutes 15 secondes.

Rapprocher ce que cette seconde soustraction peut avoir de commun avec la première.

2° PROBLÈME. — On a acheté pour 780^{fr},60 de chocolat et on a revendu le kilogramme au prix de 3^{fr},83 avec une perte de 4$\frac{1}{4}$ %. Le 2e acheteur revend à son tour pour 200 francs le quart de ce qu'il a acheté et le reste à raison de 3^{fr},90 le kilogramme.

1° Combien avait-on acheté primitivement de kilogrammes de chocolat?

2° Quel est le bénéfice total du 2e vendeur et combien a-t-il gagné % sur ce qu'il avait acheté?

IX. — Séance du 17 octobre.

1° THÉORIE. — Démontrer que dans le produit

$$7 \times 9 \times 16 \times 5 \times 26 \times 32 \times 125 \times 3$$

on peut mettre le facteur 125 au 3e rang et le facteur 9 au dernier, et que par suite on a :

$$7 \times 9 \times 16 \times 5 \times 26 \times 32 \times 125 \times 3 =$$
$$7 \times 16 \times 125 \times 5 \times 26 \times 32 \times 3 \times 9.$$

2° PROBLÈME. — Un libraire vend, avec une remise de 1^{fr},70, un ouvrage marqué au prix fort de 10^{fr},20. On demande à combien pour 100 s'élève cette remise, et à combien il aurait dû porter le prix fort pour que, sans modifier le prix net de vente, il eût pu faire une remise de 22 pour 100.

X. — Séance du 18 octobre.

1° THÉORIE. — Monnaies employées en France. — Comment se rattachent-elles au mètre? — Ont-elles toutes le même titre? — Qu'entend-on par le titre d'une monnaie?

2° PROBLÈME. — On a acheté 482 mètres de toile écrue pour

6.

faire des draps. Le lavage a réduit cette toile de 1 centimètre et demi par mètre; les ourlets du haut et du bas prennent chacun un demi-centimètre. Combien pourra-t-on faire de draps ayant 2m,40 de longueur?

Quel sera le prix d'un drap, si l'ouvrière demande 1fr,30 par paire de draps, et si la toile écrue a coûté 1fr,50 le mètre?

EXAMENS DANS LES DÉPARTEMENTS

Département du Rhône. (Juillet.)

XI. — 1re série.

1° THÉORIE. — Expliquer la division d'un nombre entier par une fraction et d'une fraction par une fraction.

2° PROBLÈME. — On a payé 17fr,16 pour l'escompte à 6 % de deux valeurs, l'une de 1 254 francs et l'autre de 846 francs. La 2e était payable 10 jours plus tard que la 1re. A quelle échéance était chacune de ces valeurs?

XII. — 2e série.

1° THÉORIE. — Comment peut-on faire la preuve de la division? Donner un exemple.

2° PROBLÈME. — Un vase est rempli aux 2 tiers par de l'eau salée, qui pèse 1 080 grammes par litre. On y verse 3 litres d'eau pure et le litre du mélange ainsi formé pèse 1 070 grammes. Quelle est la capacité du vase?

XIII. — Département de l'Ain. (Juillet.)

1° THÉORIE. — Expliquer la multiplication des nombres décimaux, en multipliant 5,875 par 3,06.

2° PROBLÈME. — Une personne achète un tapis ayant la forme d'un carré long, dont la largeur est les $\frac{3}{5}$ de la longueur. Elle veut l'entourer d'une frange, qui coûte 1fr,25 le mètre. Le prix de toute la frange est les $\frac{2}{7}$ du prix d'achat du tapis et le tapis tout fait revient à 20fr,25. On demande ses dimensions.

XIV. — Département des Basses-Alpes. (Juillet.)

1º THÉORIE. — Trouver un exemple du produit d'une fraction par une fraction. Expliquer l'opération.

2º PROBLÈME. — Un quintal de betteraves produit en moyenne 4 kilogrammes d'alcool. L'alcool se vend par barriques de 620 litres, appelées pipes. Combien faut-il de quintaux de betteraves pour donner 2 pipes d'alcool, la densité de cet alcool étant 0,940?

XV. — Département de la Haute-Vienne. (Juillet.)

1º THÉORIE. — Qu'est-ce que réduire deux ou plusieurs fractions au même dénominateur? Dites comment on opère et donnez les raisons de la règle suivie.

Dans quels cas a-t-on besoin de réduire des fractions au même dénominateur?

Appliquez la règle aux fractions $\frac{15}{23}$ et $\frac{4}{7}$.

Comment feriez-vous, s'il y en avait une troisième $\frac{10}{13}$?

2º PROBLÈME. — Une personne, qui a fait deux parts de sa fortune, en place la 5e partie à 4,50 % et cette partie lui rapporte annuellement 1 500 francs de revenu. A quel taux le reste doit-il être placé, pour que le revenu annuel de tout le capital soit de 7 540 francs?

XVI. — Département d'Indre-et-Loire. (Juillet.)

1º THÉORIE. — Énoncer et démontrer la règle de la multiplication de deux nombres décimaux.

2º PROBLÈME. — Une personne prend à la gare de Tours un billet de 3e classe pour Paris et fait enregistrer ses bagages, qui pèsent 65 kilogrammes. Elle a payé en tout, billet et bagages, 19fr,05. Or le prix d'un billet de 3e classe est calculé à raison de 0fr,067 par kilomètre; chaque voyageur a droit au transport gratuit de 30 kilogrammes et pour l'excédent il paye 0fr,40 par tonne et par kilomètre. Trouver d'après cela la distance de Tours à Paris.

XVII. — Département de Meurthe-et-Moselle. (Octobre.)

1° Théorie. — Exposer, en prenant des exemples, la théorie de la division des nombres décimaux.

2° Problème. — Un vase rempli d'eau pèse 13 kilogr. 250 grammes; rempli d'huile d'olives il pèse 12 kilogr. 400 grammes. La densité de l'huile d'olives est 0,915. Trouver le poids du vase vide et sa capacité.

X·III. — Département de la Loire. (Juillet.)

1° Théorie. — Quelle fraction de $\frac{6}{7}$ faut-il prendre pour avoir $\frac{3}{4}$. Expliquer l'opération qui en résulte et faire la preuve.

2° Problème. — Un tonneau vide pèse 25 kilogr. 3 hectogr. Rempli de vin de Bourgogne, dont la densité est 0,99, il pèse 253 kilogr. Le vin a été acheté à raison de 35 francs l'hectolitre; les frais de transport et autres se sont élevés à 8 francs par hectolitre. On demande la somme due au vendeur et à combien revient le tonneau rendu en cave.

XIX. — Département des Côtes-du-Nord. (Octobre.)

1° Théorie. — Expliquer la division : 1° d'un nombre entier par une fraction; 2° d'une fraction par une fraction.

2° Problème. — Un champ de 85 hectares a coûté 44 240 francs. Une partie a été payée au prix de 560 fr. l'hectare et l'autre au prix de 480 francs. Combien y a-t-il d'hectares dans chacune des deux parties?

XX. — Département du Doubs. (Octobre.)

1° Théorie. — Convertir une fraction ordinaire irréductible en une autre fraction équivalente ayant un dénominateur donné.

On prendra pour exemple $\frac{8}{15}$ à réduire en 120es.

Raisonnement et pratique.

Quelles conditions doit remplir le nouveau dénominateur pour que le problème soit possible?

2° Problème. — Un industriel, dont l'usine est située à 75 kilomètres d'une mine de houille, a fait venir de cette mine 11 wagons, contenant chacun 9 tonnes 715 kilogr. de houille. Il a payé 6 centimes par tonne et par kilomètre pour le transport et 20 centimes par quintal pour octroi et frais divers.

Trouver combien il a payé le vagon de houille pris à la mine, en sachant que, s'il revendait le tout au prix de 2^{fr},04 l'hectolitre pesant 88 kilogrammes, il gagnerait 500 francs.

XXI. — Département d'Indre-et-Loire. (Octobre.)

1° Théorie. — Exposer le second cas de la division des nombres entiers.

2° Problème. — Un ouvrier entreprend un travail et en fait le tiers ; un 2e fait le 7e du reste ; un 3e exécute le quart de ce qui reste à faire ; un 4e achève le travail et reçoit pour son salaire 45^{fr},50. En admettant que chacun soit payé proportionnellement au travail qu'il a fait, on demande ce que chaque ouvrier reçoit et le prix total du travail.

XXII. — Département d'Ille-et-Vilaine. (Juillet.)

1° Théorie. — Exposer le principe de la réduction des fractions au plus petit dénominateur commun.

Appliquer la méthode aux fractions :

$$\frac{7}{14}, \frac{11}{18}, \frac{3}{10}, \frac{10}{33}.$$

2° Problème. — Un terrain rectangulaire a 85 mètres de longueur et 79 mètres de largeur. Il a été ensemencé en lin et a produit 174 décilitres de graine par are. Un hectolitre de graine pèse 67 kilogr. et fournit 22 kilogr. 5 hectogr. d'huile estimée 1^{fr}, 10 le kilogramme. Quelle somme retirera-t-on de la vente de l'huile de lin provenant de la graine récoltée sur ce terrain ?

Département du Finistère. (Juillet.)

XXIII. — 1re série.

1° Théorie. — Définition du plus grand commun diviseur de deux et de plusieurs nombres.

Donner la théorie de la recherche du plus grand commun

diviseur de deux nombres, en opérant par divisions successives sur les deux nombres. 74 880 et 2 790.

2° PROBLÈME. — On a placé deux capitaux à intérêts simples, le 1er à 5 %, et le 2e à 4 %. Au bout de 3 ans et $\frac{2}{5}$, on a retiré en tout, capitaux et intérêts simples, la somme de 13 875 francs. Trouver les deux capitaux, le 2e n'étant que les $\frac{5}{7}$ du 1er.

XXIV. — 2e série.

1° THÉORIE. — Expliquer la division d'une fraction par une fraction. Diviser la fraction $\frac{7}{8}$ par la fraction $\frac{21}{32}$. Comparer le quotient avec la fraction $\frac{7}{8}$.

2° PROBLÈME. — Un marchand a acheté une certaine quantité de froment. Il en a vendu $\frac{1}{5}$ à 10 % de bénéfice; $\frac{1}{5}$ à 20 % de bénéfice; $\frac{3}{5}$ à 15 % de perte. Il perd en tout 300 francs. Quel était le prix d'achat?

Département de la Mayenne. (Juillet.)

XXV. — 1re série.

1° THÉORIE. — Donner et expliquer la définition du gramme.

2° PROBLÈME. — Pour faire de la marmelade de prunes un épicier emploie 150 kilogrammes de fruits bruts qu'il paye 0ʳ,34 le kilogramme. Le déchet, résultant de la suppression des noyaux et des fruits gâtés, est de 12 %. Avant la cuisson, il ajoute à la partie restante la moitié de son poids de sucre. L'évaporation, produite par la cuisson, réduit le mélange de 2 tiers. Le sucre a coûté 108ʳ,50 le quintal. A combien revient le kilogramme de marmelade?

XXVI. — 2e série.

1° THÉORIE. — Énoncer et démontrer le caractère de divisibilité des nombres par 4.

2° PROBLÈME. — Une société de secours mutuels comprend 450 membres, savoir : 1° des membres participants (hommes, femmes et enfants) ; 2° des membres honoraires. Les uns et les autres versent une cotisation fixe. La cotisation des hommes, égale à celle des femmes, est le double de celle des enfants et les $\frac{4}{5}$ de celle des membres honoraires. D'autre part, le nombre de ces derniers est les $\frac{2}{7}$ de celui des membres participants, et le nombre des enfants $\frac{1}{4}$ de celui des hommes et des femmes réunis. Enfin, la cotisation d'un membre honoraire est de 15 francs. Quel est le montant des recettes annuelles de la société ?

XXVII. — Département de la Mayenne. (Octobre.)

1° THÉORIE. — Définition générale de la division. Division d'une fraction ordinaire par une fraction ordinaire. Théorie.

Prendre pour exemple $\frac{5}{7}$ à diviser par $\frac{4}{9}$.

Le quotient est-il plus petit ou plus grand que le dividende ?

2° PROBLÈME. — D'un vase plein d'eau, on retire $\frac{1}{4}$ plus $\frac{1}{5}$ de ce qu'il contient ; il y reste $\frac{1}{9}$ de ce qu'on a retiré plus 10 litres.

Trouver : 1° la capacité du vase ; 2° la valeur de la monnaie d'argent qui aurait le même poids que l'eau qui le remplit.

XXVIII. — Département des Deux-Sèvres. (Octobre.)

1° THÉORIE. — Le mètre carré et le mètre cube. — Faire comprendre le rapport qui existe entre chacune de ces unités et ses multiples et sous-multiples.

2° PROBLÈME. — Une somme est déposée chez un banquier où elle produit des intérêts à 2,50 % par an. Au bout de 1 an et 15 jours, la personne qui l'a déposée la retire et reçoit, tout compris, capital et intérêts simples, une somme de 3 480 francs. Quelle était la somme déposée à la banque ?

XXIX. — Département du Rhône. (Octobre.)

1° Théorie. — Expliquer la règle de la division des nombres entiers, en prenant pour exemple

636 768 à diviser par 789.

2° Problème. — Une personne achète pour 42 francs d'une certaine étoffe; puis pour 14 francs d'une autre étoffe dont le prix est les $\frac{5}{8}$ du prix de la première. Elle a acheté en tout 11 mètres et demi. Quel est le prix du mètre de chaque étoffe?

Département de la Charente. (Octobre.)

XXX. — 1re série.

1° Théorie. — Démontrer que tout diviseur de deux nombres divise aussi le reste de la division du plus grand nombre par le plus petit.

Par exemple 2 divisant 1524 et 72 divisera aussi le reste 12 de la division de 1524 par 72.

2° Problème. — Une somme de 4468ᶠ,50 se compose de poids égaux de monnaie de bronze, d'argent et d'or. On demande pour quelle valeur chacune de ces monnaies entre dans cette somme.

XXXI. — 2° série.

1° Théorie. — Prouver que la multiplication est une addition abrégée. Prendre pour exemple la multiplication de 237 par 12.

2° Problème. — Pour avoir le même chiffre de rente, vaut-il mieux acheter du 4 $\frac{1}{2}$ °/₀ au cours de 96ᶠ,75 ou du 3 °/₀ au cours de 72ᶠ,25 ?

Que gagnerait-on à choisir le plus avantageux de ces deux cours, s'il s'agissait de placer en rentes sur l'État un capital de 32 400 francs, sans compter les frais de courtage?

XXXII. — Département de la Marne. (Octobre.)

1° Théorie. — Multiplier 453 par 265. Faire la preuve de cette opération par 9 et en donner la théorie.

2° Problème. — Combien pourrait-on faire de kilogrammes de pain avec un sac de blé de 160 litres?

Le poids de ce blé n'est que les 3 quarts du poids du même volume d'eau; il perd les 0,28 de son poids par la mouture et 3 kilogrammes de farine donnent 4 kilogrammes de pain.

Quel serait le prix de ce pain, à raison de 32 centimes et demi le kilogramme?

XXXIII. — Département de Seine-et-Oise. (Octobre.)

1° Théorie. — Numération parlée des nombres entiers de 1 à 1000.

2° Problème. — Le jour étant pris pour unité, réduire en fraction décimale le nombre 2 heures 31 minutes 12 secondes et réciproquement convertir en heures, minutes et secondes, le nombre 0,86 de jour.

XXXIV. — Département de Seine-et-Oise. (Juillet.)

1° Théorie. — Multipliez en faisant le raisonnement 119 par 7 et 119 par $\frac{1}{7}$.

Comparez les deux produits au multiplicande et expliquez les résultats obtenus.

2° Problème. — Un libraire achète plusieurs exemplaires d'un ouvrage classique à raison de 3f,75 l'exemplaire, et on lui donne le 13e en sus. Il fait relier un certain nombre d'exemplaires qu'il revend au prix de 4f,83 chacun, en faisant un bénéfice de 15 %.

A combien revient la reliure de 100 exemplaires?

XXXV. — Département de la Creuse. (Octobre.)

1° Théorie. — Retrancher 3,579 de 14,243.

Expliquer l'opération en s'appuyant sur la définition de la soustraction.

2° Problème. — Pour diminuer un tapis rectangulaire ayant 1m,75 de long sur 1m,43 de large, on a prélevé des quatre côtés une bande d'étoffe de 0m,11 de largeur. Ce tapis a été ensuite doublé entièrement avec une étoffe de 0m,67 de large, coûtant

7

32^{fr},60 la pièce de 120 mètres, puis bordé avec un galon coûtant 4^{fr},30 la pièce de 100 mètres.

Combien coûte la réparation de ce tapis?

Quelle est la surface de l'étoffe enlevée?

Département de l'Aude. (Juillet.)

XXXVI. — 1re série.

1° THÉORIE. — Dans quel cas le quotient d'une division est-il plus grand que le dividende?

2° PROBLÈME. — Un marchand achète une pièce d'étoffe à 20 francs le mètre. Il en revend la moitié à 24 francs le mètre, le 6° à 20 fr., le quart à 27 fr. et le reste à 30 fr. Il fait ainsi un bénéfice de 165 fr. sur son marché. Combien la pièce avait-elle de mètres?

XXXVII. — 2° série.

1° THÉORIE. — Qu'arrive-t-il lorsqu'on multiplie par $\frac{2}{3}$ chacun des deux facteurs d'un produit?

2° PROBLÈME. — Pour faire 100 kilogr. de pâte il faut ajouter à la farine 40 kilogr. d'eau et 750 grammes de sel et la pâte perd à la cuisson 15 pour 100 de son poids. Trouver combien il faut employer de kilogrammes de farine pour faire 340 kilogr. de pain.

XXXVIII. — Département du Cantal. (Octobre.)

1° THÉORIE. — Exposer la théorie de la division des nombres décimaux.

2° PROBLÈME. — Un minerai contient 19 % de son poids de plomb. En traitant ce minerai dans une usine, on perd 14 % de tout le poids de plomb contenu dans le minerai. Calculer, à 1 kilogramme près, quel poids de minerai il faudra traiter, si l'on veut obtenir pour 20 000 francs de plomb, les 100 kilogrammes de plomb étant vendus 55 francs.

XXXIX. — Département des Alpes-Maritimes.

1° THÉORIE. — Que devient une fraction proprement dite,

lorsqu'on augmente ses deux termes d'une même quantité ? Démonstration

Même question pour une expression fractionnaire.

2º Problème. — Un particulier a acheté pour 100 117 fr. 2500 hectolitres de blé rendus dans ses magasins. Dans le transport, 500 hectolitres ont été avariés et il a été forcé de ne les vendre que $\frac{4}{5}$ du prix auquel il a vendu les 2 000 autres hectolitres. Le bénéfice total a été de 10 %.

On demande : à quel prix il a vendu l'hectolitre de blé conservé; à quel prix l'hectolitre de blé avarié.

XL. — Département du Lot. (Octobre.)

1º Théorie. — Énoncer la règle de la division de deux fractions et exposer la théorie de cette opération, en prenant pour exemple $\frac{3}{7}$ à diviser par $\frac{1}{17}$.

2º Problème. — Une personne dépense $\frac{2}{5}$ et $\frac{1}{3}$ d'un capital; il lui reste alors $\frac{1}{4}$ de ce qu'elle a dépensé, plus une somme en or qui renferme 435gr,4839 d'or fin. Trouver ce capital.

XLI. — Département de Loir-et-Cher. (Octobre.)

1º Théorie. — Réduire au plus petit dénominateur commun les fractions $\frac{21}{28}$ et $\frac{17}{24}$. Expliquer l'opération.

2º Problème. — Une personne dépose chez un banquier une certaine somme qui doit produire intérêt à 3 % par an. Au bout de 22 mois, elle retire la somme et reçoit, capital et intérêts simples compris, 6 963 francs. Quelle somme avait-elle placée?

De combien la somme reçue se serait-elle augmentée, si le banquier avait payé l'intérêt à 4 % par an?

XLII. — Département du Cher. (Juillet.)

1º Théorie. — Exposer la théorie de la division des nombres décimaux.

2º Problème. — On fond ensemble un lingot d'or au titre de 0,940 et pesant 600 grammes avec un second lingot d'or au titre de 0,875. On obtient ainsi un lingot au titre de 0,900. On demande quelle est la valeur de ce dernier lingot.

XLIII. — Département des Basses-Pyrénées. (Juillet.)

1º Théorie. — Comment trouve-t-on le nombre par lequel il faut diviser 12 pour avoir 16 au quotient?
Expliquez et vérifiez.

2º Problème — Une personne possédant un certain capital en place les $\frac{7}{9}$ à 5 % pendant 3 ans et le reste à 4 % pendant le même temps. La différence des intérêts simples produits par les deux parties du capital est égale à 1688ʳ,85.

Calculez la valeur de chacune des deux parties du capital, placées la 1ʳᵉ à 5 %, et la 2ᵉ à 4 %.

XLIV. — Département des Basses-Pyrénées. (Octobre.

1º Théorie. — Démontrer que le nombre 4, qui divisant le produit 9 × 12 est premier avec le facteur 9, divise le facteur 12 [1].

2º Problème. — Une personne achète de la rente 3 % et place ainsi son argent à $4\frac{1}{6}$ %. Calculez le cours auquel cette rente a été achetée et le revenu ainsi obtenu avec un capital de 15 800 francs.

On négligera les frais de courtage et de timbre.

XLV. — Département de la Meuse. (Octobre.)

1º Théorie. — Exposer la théorie de la multiplication des fractions ordinaires et en déduire celle de la multiplication des nombres décimaux.

---

1. Cette question nous paraît tout à fait en dehors du programme d'arithmétique du brevet élémentaire; en outre elle n'a aucun caractère d'utilité pratique. On pourrait appliquer la même observation à quelques autres questions de théorie des examens de l'année 1887.

2º Problème. — Un négociant achète 156 hectolitres 6 décalitres de blé à raison de 27ᶠʳ,50 le quintal métrique et 230 hectolitres de seigle à raison de 21ᶠʳ,80 le quintal. Il devrait solder cet achat à 4 mois d'échéance, mais il paye immédiatement et ne donne que 6854ᶠʳ,3356.

En sachant que l'hectolitre de blé pèse 78 kilogrammes et celui de seigle 72ᵏᵍ,5, trouver à quel taux l'escompte commercial a été calculé.

XLVI. — Département de Loir-et-Cher. (Octobre.)

1º Théorie. — Démontrer que, lorsqu'on multiplie ou qu'on divise deux nombres par un troisième, leur plus grand commun diviseur est multiplié ou divisé par ce troisième.

2º Problème. — Un terrain rectangulaire ayant 485 mètres de longueur et 348 mètres de largeur a produit une certaine quantité de blé et de paille. La valeur de la paille, qui représente les $\frac{3}{14}$ de celle du blé, est de 1480 francs. Le prix de l'hectolitre de blé est de 20ᶠʳ,75. On demande de calculer, à 1 litre près, la quantité totale de blé récolté et le produit moyen d'un hectare en blé et en paille.

LXVII. — Département de la Corse. (Juillet.)

1º Théorie. — Réduire à la plus simple expression la fraction $\frac{663}{1105}$.
Énoncez et démontrez le principe dont l'opération que vous ferez est la conséquence.

2º Problème. — Un propriétaire achète, à raison de 8000 francs l'hectare, une vigne de forme rectangulaire, ayant 123 mètres de longueur sur 70 mètres de largeur, dans laquelle les ceps sont espacés de 75 centimètres dans le sens de la longueur du terrain et de 1ᵐ,25 dans le sens de la largeur.

Chaque cep rapporte en moyenne par an 55 centilitres de vin et ce vin est vendu au prix moyen de 40 francs l'hectolitre. Les frais de culture et les contributions absorbent les $\frac{2}{5}$ du produit annuel.

Trouver à quel taux le propriétaire a placé son argent en achetant cette vigne.

XLVIII. — Département de l'Orne. (Octobre.)

1º Théorie. — Démontrer qu'une fraction représente le quotient de son numérateur divisé par son dénominateur.

2º Problème. — Un voyageur quitte une ville pour se rendre dans une autre, en prenant un train qui fait 25 kilomètres par heure. Il revient par un autre train qui fait 36 kilomètres par heure. Son voyage, aller et retour, a duré 10 heures 10 minutes. Quelle est la distance de ces deux villes?

XLIX. — Département du Calvados. (Juillet.)

1º Théorie. — Définition et théorie de la multiplication des nombres décimaux, en prenant pour exemple :

$$6,248 \times 0,0549.$$

2º Problème. — Une personne fait escompter deux billets, le 1er à 30 jours et le 2º à 50 jours, au même taux de 5 %. La valeur nominale du 2e est les $\frac{3}{4}$ de celle du 1er. Trouver ces valeurs nominales, en sachant que la somme des deux escomptes est égale à 13fr,50.

L. — Algérie. Département d'Oran.

1º Théorie. — Faire la théorie du plus petit commun multiple.

2º Problème. — Une personne place une partie de sa fortune à 5 % et l'autre à 3 %. De cette manière elle se fait 2587 francs de revenu.

Trouver quelles sont les deux sommes ainsi placées, en sachant que si la somme qui rapporte 3 % avait été placée à 5 % et vice versâ, le revenu eût été diminué de 334 francs.

ASPIRANTS. — EXAMENS A PARIS

LI. — Séance du 16 mai.

1° THÉORIE. — Définition de la proportion. Démontrer que dans toute proportion le produit des extrêmes est égal au produit des moyens.

Réciproquement, démontrer que, si le produit de deux nombres est égal au produit de deux autres, ces quatre nombres peuvent former une proportion.

De combien de manières peut-on intervertir les quatre termes d'une proportion, sans qu'ils cessent de former une proportion?

2° PROBLÈME. — Avec 47 000 francs on veut faire trois placements, l'un à 3 %, le second à 4 % et le troisième à 5 %, de manière qu'ils produisent tous les trois le même revenu. Quels sont ces trois placements?

LII. — Séance du 17 mai.

1° THÉORIE. — Prouver : 1° que le produit de deux nombres entiers; 2° que le produit de deux fractions ne change pas, quand on intervertit l'ordre des facteurs.

2° PROBLÈME. — Pour terminer un travail pressé, un chef de maison a dû demander des heures supplémentaires à ses employés. Parmi eux, 5 ont prolongé leur travail quotidien de 2 heures 20 minutes pendant 15 soirées; 4 autres ont travaillé chacun 2 heures 3 quarts pendant 12 soirées; enfin un dernier groupe de 7 employés a donné, pour chacun de ses membres, 2 heures 56 minutes de travail supplémentaire pendant 18 jours.

Trouver, à moins de 1 centime près, ce qui revient à chaque employé, si le patron leur a accordé une gratification de 1 300 francs.

LIII. — Séance du 18 juillet.

1° THÉORIE. — Multiplier 395,486 par 6,765 et raisonner l'opération.

2° PROBLÈME. — Un vase plein de vin pèse autant qu'une somme de 6 950 francs, composée de 6 820 francs en or et de 130 francs en argent. Plein d'huile, ce vase pèse 2 kilogr. 760 grammes.

Étant donné qu'à volume égal le vin pèse les 0,95 de l'eau pure et l'huile les 0,90 de l'eau pure, on demande : 1° la capacité du vase ; 2° le poids du vin et le poids de l'huile qu'il peut contenir.

LIV. — Séance du 16 juillet.

1° THÉORIE. — Trouver un nombre qui, divisé par 11, par 5, par 15, par 33, donne toujours pour reste 1, et, s'il y a plusieurs nombres répondant à cette question, indiquer le plus petit.

2° PROBLÈME. — Un jardinier pépiniériste a loué une pièce de terre de 75 ares 8 centiares pour le prix annuel de 120 francs. Il y plante des arbres qu'il achète à raison de 0^{fr},90 le pied. Les frais de culture coûtent tous les ans 0^{fr},30 par arbre planté, conservé ou non. Au bout de 3 ans, la moitié des arbres a péri et le pépiniériste vend le reste pour 2 100 francs, en faisant un bénéfice de 843^{fr},60.

Trouver combien il a vendu d'arbres et combien il a vendu chacun.

LV. — Séance du 3 novembre.

1° THÉORIE. — Expliquer pourquoi la division que l'on fait pour convertir la fraction $\frac{9}{14}$ en fraction décimale ne se termine pas et pourquoi la fraction décimale est périodique.

2° PROBLÈME. — D'un tonneau de vin coûtant 145 francs on a cédé les $\frac{2}{5}$ à 0^{fr},72 le litre et les $\frac{3}{8}$ à 0^{fr},70 le litre. Le reste vendu au prix de 0^{fr},68 le litre, a produit 36^{fr},72. Calculer la contenance du tonneau, le bénéfice total fait dans la vente et le bénéfice pour 100 sur le prix d'achat.

EXAMENS DANS LES DÉPARTEMENTS

LVI. — Département de la Haute-Vienne. (Octobre.)

1° THÉORIE. — Expliquer la multiplication et la division des fractions ordinaires. Quel rapport y a-t-il entre le produit d'une part, le quotient d'autre part et les deux fractions données ?

Opérer sur les fractions $\frac{4}{5}$ et $\frac{8}{9}$.

2° PROBLÈME. — On achète des pains de sucre de deux qualités; on paye pour les uns 620 francs et pour les autres 1122 francs. Un pain de la 2ᵉ qualité coûte 3ᶠʳ,20 de moins qu'un pain de la 1ʳᵉ; et 2 pains de chaque qualité coûtent ensemble 34ᶠʳ, 20. On demande combien on a acheté de pains de chaque qualité.

LVII. — Département de la Loire. (Octobre.)

1° THÉORIE. — Expliquer la soustraction des nombres suivants :
$$23\frac{6}{7} - 15\frac{3}{4}.$$

2° PROBLÈME. — Les olives rendent en moyenne 10 % de leur poids d'huile. En admettant qu'un litre d'huile d'olives revienne à 2ᶠʳ, 30 et que les frais d'extraction soient de 0ᶠʳ, 15 par litre, on demande quel doit être le prix d'un hectolitre d'olives pesant 42 kilogrammes. La densité de l'huile d'olives est 0,915.

LVIII. — Département des Basses-Pyrénées. (Juillet.)

1° THÉORIE. — Définir et calculer le plus grand commun diviseur des deux nombres 952 et 357.
On emploiera, en l'expliquant, la méthode des divisions successives.

2° PROBLÈME. — Un propriétaire vend deux qualités de blé à des prix différents. Il vend d'abord 3 hectolitres et demi de la 1ʳᵉ qualité et 24 doubles décalitres de la 2ᵉ pour le prix total de 206ᶠʳ, 20. Il touche ensuite 268ᶠʳ, 40 en vendant ensemble les 0,7 d'un mètre cube de la 1ʳᵉ qualité et 360 000 centimètres de la 2ᵉ. Calculer le prix de l'hectolitre de chaque qualité.

LIX. — Département des Basses-Pyrénées. (Octobre.)

1° THÉORIE. — Que devient une expression fractionnaire, quand on ajoute un même nombre à ses deux termes?
Faire la démonstration en prenant successivement pour exemples $\frac{3}{5}$ et $\frac{11}{7}$.

2° PROBLÈME. — Un tonneau est rempli de vin. On tire

7.

les $\frac{3}{16}$ du contenu et on les remplace par de l'eau, de manière à remplir le tonneau. Cela fait, on enlève encore les $\frac{3}{16}$ du contenu, qu'on remplace par de l'eau. Calculer la capacité du tonneau, en sachant que la quantité de vin qui reste dans le tonneau après la 2e opération surpasse de 65 litres et demi la moitié de la capacité totale.

LX. — Département d'Indre-et-Loire. (Octobre.)

1º Théorie. — Indiquer la marche à suivre pour apprendre à des élèves du cours moyen à effectuer la division des nombres décimaux. — Justifier par le raisonnement les règles données.

2º Problème. — Un tonneau contient 210 litres de vin. On en tire 45 litres, qu'on remplace par une quantité égale d'eau. On tire du mélange 45 litres, qu'on remplace par une quantité égale d'eau; puis on répète une troisième fois l'opération. Combien le tonneau contient-il alors de litres de vin?

LXI. — Département de la Charente-Inférieure. (Octobre.)

1º Théorie. — Dans la multiplication de deux nombres de plusieurs chiffres, pourrait-on former les produits partiels en commençant par la gauche du multiplicateur? Expliquer comment se ferait l'opération.

2º Problème. — Une personne place une somme de 21 420 francs à 5 %, et, 8 mois après, elle place à 6 % un capital de 20 640 francs. Calculer en mois et jours le temps au bout duquel les intérêts simples produits par ces deux capitaux auront la même valeur.

LXII. — Arrondissement de Béfort. (Octobre.)

1º Théorie. — Démontrer le principe sur lequel on s'appuie pour réduire plusieurs fractions au même dénominateur. Réduire au plus petit dénominateur commun, en expliquant la marche du calcul :

1º les fractions $\frac{2}{3}$, $\frac{4}{5}$, $\frac{7}{8}$;

2º les fractions $\frac{5}{6}$, $\frac{11}{24}$, $\frac{13}{48}$, $\frac{7}{84}$, $\frac{17}{144}$.

2° Problème. — On a placé au même taux 1200 francs pendant 60 jours, et 800 francs pendant 30 jours. Le 1er capital a rapporté 8 francs de plus que le 2°. Quel est le taux?

LXIII. — Département du Rhône. (Octobre.)

1° Théorie. — Comment réduit-on des fractions au plus petit dénominateur commun?

Exemple : $\dfrac{13}{105}$, $\dfrac{17}{126}$, $\dfrac{23}{270}$.

2° Problème. — Une personne a marché avec une vitesse constante pendant 3 heures et demie; puis elle a pris une voiture qui lui faisait parcourir par heure 5 kilomètres de plus qu'elle n'en faisait à pied. Son voyage en voiture a duré 3 heures 20 minutes, et la distance totale qu'elle a parcourue, tant à pied qu'en voiture, a été de 54 kilomètres un quart. Quel chemin parcourait-elle dans une heure à pied?

LXIV. — Département d'Ille-et-Vilaine. (Octobre.)

1° Théorie. — Division des fractions. — Donner la définition et la théorie de l'opération. Application aux deux fractions $\dfrac{80}{126}$, $\dfrac{12}{24}$. Simplifier le résultat.

2° Problème. — Avec une pièce de toile écrue de 36 mètres de longueur et 0m,80 de largeur, qui se retire par le blanchissage de 0m,012 par mètre sur la longueur et de 0m,015 sur la largeur, on confectionne des draps de lit en mettant 2 lés de largeur.

Quelle largeur auront les draps après le blanchissage, si la couture prend 0m,003?

Quelle longueur de toile écrue faut-il pour un drap, si les ourlets des extrémités prennent chacun 0m,008, pour que le drap cousu ait juste 2m,80?

Combien peut-on confectionner de draps avec la pièce et combien reste-t-il de toile?

LXV. — Département de la Loire. (Juillet.)

1° Théorie. — Le plus grand commun diviseur de deux nombres est 18. Trouver quels sont ces deux nombres, en sachant que la série des quotients qu'on a obtenus dans la recherche de leur plus grand commun diviseur est :

$$11, 5, 1, 1, 2.$$

2º PROBLÈME. — On demande combien il faut de pièces de 10 centimes en bronze pour fabriquer un boulet de canon ayant 2 décimètres cubes 500 centimètres cubes.

On prendra : 8,79 pour la densité du cuivre; 7,29 pour celle de l'étain et 6,86 pour celle du zinc.

LXVI. — Département de la Charente-Inférieure. (Juillet.)

1º THÉORIE. — Expliquez théoriquement comment on trouve deux nombres dont la somme égale 1512 et qui fassent avec 4 et 5 une proportion.

2º PROBLÈME. — On a deux lingots d'argent et de cuivre : le 1er au titre de 0,800 et pesant 2kg,5; le second au titre de 0,750 et pesant 3kg,750. On fond les $\frac{2}{3}$ du premier avec les $\frac{4}{5}$ du second. Combien faut-il ajouter d'argent pur pour avoir un lingot au titre propre à fabriquer des pièces de cinq francs et combien pourra-t-on fabriquer de ces pièces?

LXVII. — Département de la Charente. (Octobre.)

1º THÉORIE. — Démontrer qu'on ne change pas la valeur du produit de deux nombres, quand on intervertit l'ordre des facteurs. Étendre cette proposition au produit de deux fractions.

2º PROBLÈME. — Un lingot d'argent au titre de 0,812 pèse 120 kilogrammes. Quel poids d'un autre lingot d'argent au titre de 0,888, doit-on lui allier pour obtenir un lingot au titre de 0,835?

LXVIII. — Département de la Haute-Vienne. (Octobre.)

1º THÉORIE. — 1. Théorèmes fondamentaux relatifs à la divisibilité des nombres. — Caractères de divisibilité par 3 et par 9; démonstration.

2. Étant donné un nombre, si on écrit ses chiffres dans un ordre quelconque et qu'on fasse la différence du nombre ainsi

obtenu et du nombre donné, cette différence est toujours un multiple de 9.

2° PROBLÈME. — On a trois lingots d'argent allié à du cuivre: le 1er au titre de 0,75; le 2° au titre de 0,67; le 3° au titre de 0,56. On mêle les deux premiers dans le rapport de 1 à 3; puis avec l'alliage résultant et le 3° lingot, on veut faire un nouvel alliage au titre de 0,62. Quels poids des trois alliages donnés y aura-t-il dans 1 kilogramme de l'alliage définitif?

LXIX. — Département des Pyrénées-Orientales. (Juillet.)

1° THÉORIE. — Définir les expressions : droite horizontale; droite verticale; plan horizontal; plan vertical.

Comment peut-on faire pour construire cette ligne ou ce plan, quand on connaît un de ses points?

2° PROBLÈME. — Deux trains partent au même instant de Paris et de Bordeaux, dont la distance est de 578 kilomètres, et vont au-devant l'un de l'autre. L'un parcourt 15 kilomètres en 20 minutes, l'autre 5 myriamètres en 1 heure. Quelle sera leur distance après 2 heures $\frac{3}{4}$ de marche?

LXX. — Département de Vaucluse. (Juillet.)

1° THÉORIE. — Théorie de la réduction des fractions au même dénominateur; l'appliquer à trois fractions.

2° PROBLÈME. — Un bûcher, ayant 6m,50 de longueur avec 4m,25 de largeur et 2m,75 de hauteur, est rempli aux $\frac{3}{4}$ de bois de chauffage pesant actuellement 350 kilogrammes le stère. Or la dessiccation lui a fait perdre la 8° partie de son poids et ce bois avait été payé vert à raison de 1fr,75 les 100 kilogrammes.

On demande le prix coûtant de cette provision.

LXXI. — Département des Bouches-du-Rhône. (Juillet.)

1° THÉORIE. — Théorie de la multiplication de deux nombres décimaux. On prendra pour exemple la multiplication de 13,56 par 7,341.

2° PROBLÈME. — Le toit, à une seule pente, d'une serre est un rectangle de 6^m,80 de longueur sur 3^m,96 de largeur. On emploie pour couvrir cette serre des tuiles plates rectangulaires de 34 centimètres de longueur sur 22 centimètres de largeur. Les tuiles, se recouvrant en partie, perdent dans leur ensemble $\frac{3}{8}$ de leur surface.

La dépense totale, comprenant l'achat des tuiles, la pose et les menus frais, s'élève à 91^{fr},52. Or le prix de la pose et les menus frais équivalent aux $\frac{2}{9}$ du prix d'achat. Trouver le prix d'achat d'une tuile.

LXXII. — Département de l'Isère. (Juillet.)

1° THÉORIE. — Donner la définition générale de la multiplication. L'appliquer à la multiplication : d'une fraction par un nombre entier; d'un nombre entier par une fraction.
Énoncer et démontrer la règle dans les deux cas.

2° PROBLÈME. — Un bassin qui a la forme d'un parallélipipède rectangle a 15 décimètres de long, 85 centimètres de large et 3 mètres de profondeur. Un robinet y amène 4 litres et demi d'eau par minute. Trouver au bout de combien d'heures et de minutes le bassin sera plein aux 3 quarts.

LXXIII. — Département de la Haute-Marne. (Juillet.)

1° THÉORIE. — Convertir la fraction $\frac{1}{125}$ en fraction décimale, par voie de multiplication et montrer que le résultat obtenu doit être le même qu'en divisant le numérateur par le dénominateur.

2° PROBLÈME. — Le mois de juin 1887 a compté 42 classes de demi-journée. Dans une école de 45 élèves il y en a eu 1 sur 5 dont l'assiduité a été parfaite; chacun de ceux qui composent la moitié du reste a manqué $\frac{1}{6}$ des classes; chaque élève du tiers de l'effectif total a été absent le 7e des classes; enfin les élèves non compris dans les catégories précédentes ne sont venus que 2 jours. Combien y a-t-il eu d'absences en tout?

Quelle est pour 100 la proportion des absences relativement au nombre total des demi-journées?

LXXIV. — Département des Côtes-du-Nord. (Juillet.)

1° THÉORIE. — Déterminer le plus petit commun multiple de deux ou plusieurs nombres. Dans quel cas la recherche du plus petit multiple commun trouve-t-elle une application?

2° PROBLÈME. — Un ouvrier peut faire $\frac{2}{3}$ d'un travail en 7 jours, en travaillant 5 heures par jour; un deuxième ouvrier en fait $\frac{3}{5}$ en 8 jours, en travaillant 8 heures par jour. Combien pour faire l'ouvrage entier les deux ouvriers mettraient-ils de temps en travaillant ensemble 6 heures par jour?

LXXV. — Département de Loir-et-Cher. (Juillet.)

1° THÉORIE. — Démontrer que le produit de deux facteurs contient au plus autant de chiffres qu'il y en a dans ces deux facteurs et au moins autant moins un qu'ils en contiennent eux-mêmes.

2° PROBLÈME. — L'eau de mer contient environ 25 p. 1000 de son poids de sel. Combien en faudra-t-il pour obtenir un quintal de sel, si 1 litre d'eau de mer pèse 1 kilogramme 263 décigrammes?

LXXVI. — Département du Morbihan. (Juillet.)

1° THÉORIE. — On divise l'un par l'autre deux nombres divisibles eux-mêmes par 23; le reste trouvé est 41. Était-il possible d'obtenir ce reste?

Dans le cas de la négative, exposer et démontrer le principe sur lequel on s'appuiera.

2° PROBLÈME. — Les élèves d'un externat payent 80 francs par an s'ils se trouvent dans la 1re classe et 60 francs s'ils sont admis dans la 2e. Le nombre total des élèves est 61, parmi lesquels sont 4 gratuits, dont 3 de la 1re classe et 1 de la 2e. La somme représentant la rétribution de ces quatre élèves est égale aux $\frac{5}{72}$ de la rétribution totale payée par les autres. On demande combien cet externat a d'élèves de chaque catégorie.

LXXVII. — Département de la Corse. (Juillet.)

1° Théorie. — Réduire une fraction ordinaire en fraction décimale. Démontrer l'opération et dire dans quel cas une fraction, qui ne peut se réduire exactement en fraction décimale, donnera une fraction périodique simple ou mixte.

2° Problème. — Un vase contient le tiers de sa capacité de mercure, les $\frac{3}{5}$ du reste d'eau et le restant d'huile; son poids est alors de 5 kilogrammes. Vide il pèse 1120 grammes. Trouver sa capacité, en sachant que la densité du mercure est 13,6 et celle de l'huile 0,9.

LXXVIII. — Département de l'Ain. (Juillet.)

1° Théorie. — Une division de deux nombres entiers ayant été effectuée et ayant donné un reste, on en fait une seconde en conservant le dividende et en prenant pour diviseur le quotient trouvé. Déduire de la 1ʳᵉ opération le nouveau quotient et le nouveau reste.

2° Problème. — Une personne place un certain capital dans une banque, qui lui donne 5 % par an, et après 2 ans 3 mois elle retire son argent (intérêts simples et capital) pour faire un nouveau placement.

Si elle plaçait à 6 % les $\frac{5}{11}$ de la somme retirée et le reste à 5 %, elle retirerait 89 francs de moins par an que si elle plaçait les $\frac{5}{11}$ à 5 % et le reste à 6 %.

Trouver la somme qui avait été déposée en banque.

LXXIX. — Département du Tarn. (Juillet.)

1° Théorie. — Que devient le produit d'une multiplication, lorsqu'on ajoute 2 unités au multiplicande et 3 au multiplicateur?

2° Problème. — Un homme ayant perdu dans une affaire la moitié plus le tiers de son argent, trouve en rentrant chez lui qu'il lui reste un 8ᵉ de ce qu'il a perdu plus 8 francs. Combien avait-il avant cette perte?

LXXX. — Département des Alpes-Maritimes. (Juillet.)

1° THÉORIE. — Quelle modification subit un produit de deux facteurs, quand on ajoute 2 unités à chacun de ses facteurs?

2° PROBLÈME. — On a tapissé deux pièces de 3m,30 de hauteur avec des rouleaux de papier ayant 0m,50 de large et 6m,80 de long. La seconde pièce a même longueur et même hauteur que la première; mais elle est plus large et a deux fenêtres au lieu d'une : ces fenêtres ont 1m,15 de large et 2m,85 de haut.

On demande de combien la 2° pièce est plus large que la 1re, s'il a fallu pour la tapisser 3 rouleaux $\frac{4}{5}$ de plus.

LXXXI. — Département de la Marne. (Juillet.)

1° THÉORIE. — Que devient le produit de la multiplication de deux nombres : 1° si l'on ajoute l'unité à chaque facteur, 2° si l'on retranche l'unité à chaque facteur?
Raisonner sur le produit 5135 × 43.

2° PROBLÈME. — Le colza d'hiver rend en moyenne 32 % de son poids d'huile et la navette d'été 30 %. Dans une fabrique on a obtenu avec 4700 kilogr. de graines des deux espèces 1468 kilogrammes d'huile.
Combien a-t-on employé de kilogrammes de grains de chaque espèce?
Combien a-t-on obtenu d'huile de chaque espèce?

LXXXII. — Département du Nord. (Juillet.)

1° THÉORIE. — Que devient le produit de deux facteurs, quand on augmente l'un de 3 unités et l'autre de $\frac{5}{9}$?
Justifier la réponse.

2° PROBLÈME. — Dans une école le nombre des élèves du cours supérieur et du cours moyen réunis n'est que les $\frac{3}{5}$ de celui des élèves du cours élémentaire, lequel est 5 fois plus nombreux que le cours supérieur. Le cours moyen comprend 28 élèves de plus que le cours supérieur. On demande combien il y a d'élèves dans chacun des cours de cette école.

LXXXIII. — Département de la Haute-Garonne. (Juillet.)

1° THÉORIE. — Quel est le caractère de divisibilité d'un nombre par 4?

2° PROBLÈME. — Trois négociants se partagent un bénéfice de 27 000 francs. La part du 2ᵉ surpasse de 3000 francs les $\frac{2}{3}$ de la part du 1ᵉʳ; celle du 3ᵉ est inférieure de 2550 francs aux $\frac{5}{4}$ de celle du 2ᵒ. Quelles sont ces trois parts?

LXXXIV. — Département de la Mayenne. (Juillet.)

1° THÉORIE. — Règle de la multiplication des nombres décimaux. La justifier sur l'exemple

$$7,825 \times 0,0473$$

et énoncer le résultat de l'opération.

2° PROBLÈME. — Les $\frac{3}{8}$ d'un poteau sont peints en blanc; les $\frac{3}{5}$ du reste sont peints en bleu et le nouveau reste, qui a 1ᵐ,25, est peint en rouge. Trouver la hauteur du poteau et la longueur de chaque partie.

LXXV. — Département des Hautes-Pyrénées. (Juillet.)

1° THÉORIE. — Division d'un nombre quelconque par une fraction. Règle et démonstration.

2° PROBLÈME. — Une vigne coûte 17 247 francs; une prairie d'étendue double a coûté 25 870ᶠʳ,50. L'hectare de vigne coûte 1500 francs de plus que l'hectare de prairie.

Trouver la superficie de chaque propriété et le prix d'un are de vigne.

LXXXVI. — Département du Doubs. (Juillet.)

1° THÉORIE. — Énoncer les principes relatifs au produit de plusieurs facteurs entiers, et montrer par des exemples l'usage qu'on peut faire de ces principes dans le calcul pratique et le calcul mental.

2° Problème. — On a fondu 30 pièces de 5 francs en argent avec un certain nombre de pièces de 2 francs et l'on a obtenu un alliage contenant 1017ᵉʳ,35 d'argent pur. Combien a-t-on employé de pièces de 2 francs?

LXXXVII. — Département de la Somme. (Juillet.)

1° Théorie. — Comment divise-t-on une fraction par une fraction? Démontrer la règle sur l'exemple suivant :

$\frac{5}{9}$ à diviser par $\frac{4}{7}$.

2° Problème. — Un fabricant de sucre vend à un épicier une certaine quantité de sucre à 105 francs les 100 kilogr. et il doit recevoir en paiement 80 kilogr. de café et 2520 francs en argent. Mais il ne peut fournir que $\frac{4}{7}$ de la quantité de sucre qu'il a vendue et il reçoit en payement les 80 kilogr. de café et 1320 francs en argent. Combien de kilogr. de sucre le fabricant devait-il fournir et quel est le prix du kilogramme de café?

LXXXVIII. — Département de l'Ariège. (Juillet.)

1° Théorie. — Comment trouve-t-on le reste de la division d'un nombre par 6 sans faire la division?
Énoncer la règle et la démontrer sur le nombre 8534.

2° Problème. — Un homme place les $\frac{14}{19}$ de son avoir en rentes 3 % au cours de 84 francs et le reste en rentes 5 % au cours de 114 francs. Le second placement lui rapporte 200 francs de moins que le premier. Trouver son avoir et son revenu annuel.

LXXXIX. — Département des Landes. (Juillet.)

1° Théorie. — Exposer la multiplication des fractions, en prenant pour exemple $\frac{3}{4} \times \frac{5}{6}$.
Mesures effectives de capacité.

2° Problème. — Une propriété vendue aux enchères a été adjugée pour 36 000 francs. Trouver la mise à prix, en sachant

qu'à la 1re enchère l'augmentation a été le 5e de la mise à prix,
qu'à la 2e enchère l'augmentation a été le quart du prix de cette
enchère et qu'à la 3e enchère l'augmentation a été la 29e partie
de cette 3e enchère.

XC. — Département de l'Aisne. (Juillet.)

1° Théorie. — Quel usage fait-on en arithmétique du plus
grand commun diviseur de plusieurs nombres?
Faire une application numérique et la justifier.

2° Problème. — Avec 1260f,40 on a acheté 3 barils d'huile
de même qualité, contenant en tout 11 hectolitres 75 litres. Le
plus grand contient 9 décalitres 4 litres de plus que les deux
autres ensemble et l'un de ces derniers a 40 litres de plus que
l'autre. On demande le prix de chaque baril.

XCI. — Département d'Eure-et-Loir. (Juillet.)

1° Théorie. — Quelle est la règle à suivre pour calculer le
plus grand commun diviseur de deux nombres? En donner la
démonstration en se servant des nombres 1026 et 189.

2° Problème. — Un jardin rectangulaire de 50 mètres de long
est plus grand de 237 mètres carrés qu'un autre de même forme,
d'une longueur de 42 mètres et dont la longueur surpasse celle
du premier de 1m,50. Calculer la surface et la largeur de chacun des deux jardins.

XCII. — Département d'Ille-et-Vilaine. (Juillet.)

1° Théorie. — Expliquer la conversion des fractions ordinaires en fractions décimales et en faire l'application à la fraction $\frac{18}{104}$.

2° Problème. — Un homme achète une maison pour
20 000 francs. Il est convenu de payer 5000 francs comptant; 5000 francs au bout de 30 jours; 5000 francs dans 60 jours
et le reste dans 90 jours. On lui propose de payer le tout ensemble. A quelle époque doit s'effectuer ce payement, si l'on
escompte à 5 % par la méthode ordinaire?

XCIII. — Département de la Sarthe. (Juillet.)

1° Théorie. — Donner une définition de la division. Démontrer que le quotient de deux nombres entiers peut s'écrire sous la forme d'une fraction ayant pour numérateur le dividende et pour dénominateur le diviseur.

Démontrer la règle à suivre pour diviser une fraction par une fraction, par exemple $\frac{3}{4}$ par $\frac{5}{7}$.

2° Problème. — Un commerçant présente à la Banque un billet payable dans 37 jours et reçoit, déduction faite de l'escompte, une somme de 397^{fr},60. On demande quelle était la valeur portée sur le billet, le taux étant de 6 % (escompte en dehors).

XCIV. — Département de la Gironde. (Juillet.)

1° Théorie. — Expliquer et démontrer la preuve de la multiplication par 9. Prendre pour exemple 5228 à multiplier par 37.

2° Problème. — On demande le poids de l'air déplacé par une pièce de fer qui pèse 314 kilogr. 159 grammes. La densité du fer est 7,788 et 1 litre d'air pèse 1^{gr},293 197.

XCV. — Département de la Vienne. (Juillet.)

1° Théorie. — Expliquer la multiplication de $\frac{3}{4}$ par $\frac{5}{6}$. Donnez la règle à suivre. Dites si le produit obtenu est plus grand ou plus petit que le multiplicande et expliquez pourquoi.

2° Problème. — L'eau en se congelant augmente d'un 15e de son volume. Trouver le poids d'un bloc de glace rectangulaire de 0^m,50 de long, 0^m,35 de large et 0^m,15 d'épaisseur.

Exprimer en litres, décilitres et centilitres la quantité d'eau qu'il donnera en se fondant.

(On supposera que cette eau est à la température de 4 degrés centigrades, avant de se congeler et après la fusion de la glace.)

XCVI. — Département du Jura. (Juillet.)

1° Théorie. — Expliquer la réduction des fractions au même dénominateur sur les fractions :

$$\frac{14}{36}, \quad \frac{91}{104}, \quad \frac{29}{54}.$$

2° Problèmes. — 1er. Avec 492 grammes d'acide sulfurique et 345 grammes de zinc on obtient 10 grammes d'hydrogène. Combien faut-il d'acide et de zinc pour produire le gaz nécessaire au gonflement d'un ballon, dont la contenance équivaut à celle d'une salle ayant pour dimensions : $8^m,75$; 64 décimètres ; 375 centimètres.

Un litre d'air pèse $1^{gr},3$ et le poids de l'hydrogène est les 0, 069 de celui de l'air.

2e Un marchand a acheté deux pièces de drap, la 1re de $32^m,50$ au prix de $12^{fr},25$ le mètre ; la 2e de $18^m,25$ au prix de $11^{fr},35$ le mètre. Il revend la 1re pièce avec un bénéfice de 15 % sur le prix d'achat. A quel prix doit-il vendre le mètre de la 2e pièce pour que le bénéfice total soit de 12 % sur le prix d'achat?

XCVII. — Département du Cher. (Juillet.)

1° Théorie. — Exposer la théorie de la réduction des fractions ordinaires en fractions décimales.

2° Problème. — Un marchand a acheté une pièce de drap à raison de 15 francs le mètre. Il en a revendu les $\frac{2}{7}$ à 19 francs le mètre ; les $\frac{2}{9}$ à $18^{fr},50$; les $\frac{2}{11}$ à 18 francs ; les $\frac{2}{13}$ à $17^{fr},50$ et le reste à 17 francs le mètre. Il a ainsi gagné 285 francs sur le marché. Quelle était la longueur de cette pièce de drap?

XCVIII. — Département du Loiret. (Juillet.)

1° Théorie. — Démontrer que pour multiplier un nombre par le produit de plusieurs facteurs, par exemple $2 \times 3 \times 5$, on peut le multiplier d'abord par 2, puis le produit par 3, puis le nouveau produit par 5.

2° Problème. — Pour évaluer la capacité de trois tonneaux, A, B, C, on remplit A avec le contenu de B qui est plein et il reste dans B les 0,125 de ce qu'il contenait. On remplit ensuite B supposé vide avec le contenu de C qui est plein et il reste dans C les 0,2 de ce qu'il contenait. Enfin pour remplir C supposé vide avec le contenu de A qui est plein, il manque 33 litres.

Quelles sont les capacités des trois tonneaux?

XCIX. — Département du Var. (Juillet.)

1° THÉORIE. — Division des nombres décimaux. Démonstration.

2° PROBLÈME. — Un commerçant augmente la 1re année sa fortune de $\frac{2}{15}$; la 2e année il augmente encore son nouveau capital de $\frac{2}{15}$ et ainsi de suite pendant 4 ans. Alors il s'aperçoit que si sa fortune, au lieu d'augmenter de $\frac{2}{15}$, avait augmenté de $\frac{2}{13}$, il aurait 25 000 francs de plus qu'il ne possède.

Quelle somme avait-il au commencement de la 1re année? Quelle somme possède-t-il actuellement?

G. — Département de la Haute-Savoie. (Juillet.)

1° THÉORIE. — Expliquer comment, en réduisant une fraction ordinaire en fraction décimale avec une approximation indéfinie, on doit nécessairement obtenir un quotient limité ou bien un quotient périodique.

Combien d'opérations au plus faudra-t-il faire avant d'arriver à l'un ou à l'autre de ces deux résultats?

2° PROBLÈME. — Une personne place une partie de sa fortune à 5 % et l'autre à 4 % et son revenu annuel est de 3700 francs. Ce revenu annuel serait de 3860 francs, si la somme placée à 4 % était placée à 5 % et réciproquement.

Trouver d'après cela le capital total et les deux parties dans lesquelles il a été divisé.

BREVET SUPÉRIEUR

ASPIRANTES. — EXAMENS A PARIS

CI. — Séance du 9 mai.

PHYSIQUE

Description de la pile de Bunsen.

Effets chimiques de la pile. Décomposition de l'eau et de la potasse; décomposition du sulfate de cuivre.

ARITHMÉTIQUE

Problème. — Dans une cuve rectangulaire ayant une longueur de 0ᵐ,63 et une largeur de 0ᵐ,51 on avait mis de l'eau de mer que l'on a fait évaporer et dont on a retiré 4 kilogr. 6 hectogr. de sel. Or 1 kilogr. d'eau de mer contient 50 grammes de sel et la densité de cette eau est 1,025. On demande d'après cela quel était le volume de l'eau mise dans la cuve et à quelle hauteur elle s'élevait.

CII. — Séance du 11 juillet.

SCIENCES PHYSIQUES

Froid produit par l'évaporation.
Applications.

ARITHMÉTIQUE

Problème. — Un négociant achète 2525 hectolitres de blé à 16 francs l'hectolitre. Il en revend les $\frac{2}{5}$ avec un bénéfice de 8 % sur le prix d'achat; le tiers à raison de 21ᶠ,50 l'hectolitre, payable dans 60 jours, et le reste avec un bénéfice net de 225 francs. En comptant l'escompte à 6 %, on demande quelle a été la totalité du gain.

Nota. — Le problème d'arithmétique proposé dans la séance du 7 novembre n'est autre que celui qui est inscrit sous le n° 543 dans le 1ᵉʳ volume de notre *Arithmétique appliquée*.

La question de sciences naturelles était la suivante :
Structure de la tige dans les différents groupes de végétaux. Formes diverses.

EXAMENS DANS LES DÉPARTEMENTS

CIII. — Département du Loiret. (Octobre.)

PHYSIQUE

Décomposition et recomposition de la lumière blanche.

ARITHMÉTIQUE

1° Théorie. — Démontrer que, si le dénominateur d'une fraction ordinaire irréductible ne contient pas d'autres facteurs premiers que 2 et 5, la fraction est exactement réductible en fraction décimale.

2º PROBLÈME. — On a mis 490 litres de vin dans 580 bouteilles, contenant, les unes $\frac{6}{7}$ de litre et les autres $\frac{5}{6}$ de litre. Combien y a-t-il de bouteilles de chaque espèce?

CIV. — Département de l'Orne. (Octobre.)

CHIMIE

De l'eau. — Sa composition chimique. — Matières étrangères que renferment ordinairement les eaux naturelles. — Propriétés qui résultent de la présence de ces matières. — Eaux impropres à la cuisson des légumes.

ARITHMÉTIQUE

PROBLÈME. — La longitude de Vienne (Autriche) est de 14º 2' 36" à l'est et celle de Londres est 2º 26' 12" à l'ouest. Quand il est midi à Vienne, quelle heure est-il à Londres?

CV. — Département du Lot. (Octobre.)

SCIENCES NATURELLES

Le système nerveux chez l'homme.

ARITHMÉTIQUE

PROBLÈME. — Trois personnes se sont associées pour fournir chaque jour à un régiment, la 1re 900 kilogr. de pain, la 2e 300 kilogr. de viande, la 3e 2750 kilogrammes de légumes frais.

Le prix du kilogramme de légumes est les $\frac{3}{11}$ de celui du kilogramme de pain et 9 kilogr. de pain valent autant que 2 kilogr. de viande.

Trouver ce qui revient à chacune des trois personnes sur un bénéfice total de 14 220 francs.

CVI. — Département de la Charente. (Octobre.)

SCIENCES PHYSIQUES

L'acide sulfureux. — Préparation, propriétés, usage.

ARITHMÉTIQUE

PROBLÈME. — Un négociant veut remplir un fût de 380 litres avec du vin de 30 centimes et du vin de 40 centimes le litre. Il

8

y met 25 litres de 40 centimes; puis, pour remplir le fût, il ajoute du vin de 30 centimes et de l'eau. Le litre de mélange revient à 20 centimes.

Trouver : 1° le nombre de litres de vin de 30 centimes et le nombre de litres d'eau qui ont été versés dans le fût; 2° le prix de vente des 380 litres, en sachant qu'en revendant son vin, le négociant fait un bénéfice de 7 °/₀ sur le prix d'achat.

CVII. — Département de la Mayenne. (Juillet.)

SCIENCES NATURELLES

Quels sont les rapports de la plante avec l'atmosphère? En déduire les règles d'hygiène relatives aux plantes d'appartement.

ARITHMÉTIQUE

PROBLÈME. — Un délégué cantonal met à la disposition d'une institutrice une somme de 64^{fr},50, pour être distribuée en livrets de caisse d'épargne aux cinq élèves du cours supérieur de l'école, suivant leur force en orthographe. Les copies de la composition donnée à cet effet accusent respectivement 1 faute et demie, 2 fautes, 2 fautes et demie, 3 fautes et 4 fautes. Faire un partage équitable d'après ces données.

CVIII. — Département de Loir-et-Cher. (Octobre.)

SCIENCES NATURELLES

Structure de la peau; ses fonctions. Préceptes hygiéniques qui s'y rapportent.

ARITHMÉTIQUE

PROBLÈME. — Un particulier, qui a mis des fonds dans une entreprise, reçoit 19 200 francs au bout de 5 ans, pour le capital placé et le bénéfice produit. Le bénéfice est les $\frac{2}{5}$ du capital. Trouver le capital, le bénéfice et le taux du placement.

CIX. — Département de la Mayenne. (Octobre.)

L'oxygène. Sa présence dans l'eau et dans l'air. Son rôle dans les combustions.

ARITHMÉTIQUE

PROBLÈME. — Un capital de 67000 francs est partagé en deux parties, dont la 1re, placée à 4,50 % pendant 9 mois, donne un intérêt triple de celui que produirait la 2e pendant 5 mois au taux de 4 %. Quelles sont les deux parties de ce capital?

CX. — Département d'Eure-et-Loir. (Juillet.)

SCIENCES NATURELLES

Classification des substances organiques d'après leurs fonctions chimiques.

ARITHMÉTIQUE

PROBLÈME. — Une personne, qui a souscrit à un même créancier deux billets, l'un de 3200 francs payable dans 60 jours et l'autre de 4000 francs payable dans 90 jours, a été autorisée à remplacer ces deux billets par un seul payable dans 42 jours. Le taux de l'escompte pris en dehors étant de 6 %, trouver le montant de ce billet unique.

CXI. — Département de la Marne. (Octobre.)

PHYSIQUE

De la galvanoplastie. Son application dans l'industrie.

ARITHMÉTIQUE

PROBLÈME. — Une personne achète des marchandises pour 1780 francs et profite d'un escompte de 3 %. Elle les revend 4 mois après pour 1980 francs payables dans 2 mois. Les frais d'emmagasinage et de transport s'élèvent à 20 francs, qu'elle paye le jour où elle vend ses marchandises. On demande combien elle a gagné, en tenant compte de l'intérêt de son argent à 6 %.

CXII. — Département de la Creuse. (Octobre.)

SCIENCES NATURELLES

De la respiration chez les mammifères, les poissons et les insectes.

ARITHMÉTIQUE

PROBLÈME. — Une personne a placé, à intérêt simple, deux capitaux l'un à 5 % et l'autre, qui est le double du premier, à 4 %. Au bout de 5 ans 8 mois, cette personne a retiré, capitaux et intérêts compris, la somme de 6372^{fr},40. Trouver ces deux capitaux.

CXIII. — Département du Rhône. (Juillet.)

SCIENCES NATURELLES

1re QUESTION. — De la respiration. Description sommaire des organes de la respiration chez les vertébrés. Phénomènes chimiques qui se rapportent à cette fonction.

2e QUESTION. — Décrire une plante vulgaire de la famille des labiées.

ARITHMÉTIQUE

PROBLÈME. — Une personne, qui possède un titre de rente 3 %, le vend lorsque cette rente est au cours de 81^{fr},75, et elle emploie la somme qu'elle en retire à acheter de la rente 4 $\frac{1}{2}$ % dont le cours est alors 108^{fr},45. Elle augmente ainsi son revenu annuel de 315 fr. Quel était son revenu avec la rente 3 % ?

On ne tiendra pas compte des courtages.

CXIV. — Département des Basses-Alpes. (Juillet.)

CHIMIE

Le soufre. — Ses propriétés physiques et chimiques; sa préparation; ses principaux composés et leurs usages.

ARITHMÉTIQUE

PROBLÈME. — Un teneur de livres reçoit le 18 mai trois billets d'un client : le 1er de 275 francs, payable le 30 juin; le 2e de 548^{fr},50, payable le 15 octobre; le 3e de 1250 francs, payable le 30 novembre de la même année.

Pour simplifier les écritures, il porte à l'avoir du client une somme égale au total des valeurs nominatives des trois billets. A quelle date doit-il fixer l'échéance commune?

Quelle somme portera-t-il à l'avoir du client à la date du 31 décembre, le taux de l'intérêt étant de 6 % ?

CXV. — Département du Var. (Octobre.)

PHYSIQUE

Indiquer ce qu'on entend par thermomètre en général.

Pourquoi, dans la construction des thermomètres à liquide, a-t-on employé le mercure et l'alcool?

Construction et graduation du thermomètre à mercure.
Différentes échelles thermométriques.

ARITHMÉTIQUE

PROBLÈME. — Un négociant a acheté 27 barriques de vin, dont le poids total est de 24 453 kilogr. pour 2945 francs. Le poids des barriques vides est la 12ᵉ partie du poids du vin et la densité de ce vin est 0,99.

Le négociant en vend 26 hectolitres avec un bénéfice brut de 12 %; l'acheteur le paye avec un billet qu'il fait le 1ᵉʳ novembre, jour de l'achat, et dont l'échéance est au 1ᵉʳ mars de l'année suivante. Trouver le montant de ce billet, en sachant que le vendeur exige un intérêt de $5\frac{2}{3}$ % par an.

CXVI. — Département du Finistère. (Octobre.)

HISTOIRE NATURELLE

Appareil respiratoire et mécanisme de la respiration chez l'homme.

ARITHMÉTIQUE

PROBLÈME. — En présentant à l'escompte deux billets payables, l'un dans 24 jours et l'autre dans 35 jours, on a reçu une somme avec laquelle on a acheté de la rente $4\frac{1}{2}$ % au cours de 109ᶠʳ,25. Le coupon trimestriel est de 74ᶠʳ,75. Trouver les valeurs des deux billets, en sachant que le montant du 1ᵉʳ était les $\frac{5}{12}$ du second et que le taux de l'escompte était 6 %.

CXVII. — Département des Vosges. (Octobre.)

PHYSIQUE

Description du télégraphe Morse.

ARITHMÉTIQUE

PROBLÈME. — Une personne remplace un billet de 1300 francs, payable dans 48 jours, par trois billets, le premier de 500 francs, payable dans 15 jours, le second de 300 francs, payable dans 60 jours, et le troisième de 500 francs. A combien de jours est fixée l'échéance de ce dernier billet?

8.

CXVIII. — Département du Finistère. (Juillet.)

SCIENCES NATURELLES

Principaux caractères de la famille des graminées.
Indiquer les espèces les plus utiles.

ARITHMÉTIQUE

PROBLÈME. — On a deux points, A et B, distants de 225 kilomètres. Les 100 kilogr. de charbon coûtent $3^{fr},75$ en A et $4^{fr},25$ en B. Trouver quel est le point de la ligne A B où le charbon reviendra au même prix, qu'il vienne de A ou de B, le prix du transport étant de $0^{fr},08$ par tonne et par kilomètre.

OBSERVATION. — Ce problème a été proposé plusieurs fois dans les examens, tantôt pour le brevet élémentaire, tantôt pour le brevet supérieur. Il se trouve déjà au n° 230 de ce volume.

CXIX. — Département de la Haute-Loire. (Octobre.)

SCIENCES PHYSIQUES

Électroscope à feuilles d'or.
Propriétés chimiques et préparation du chlore.

ARITHMÉTIQUE

PROBLÈME. — Une pièce de toile, longue de 45 aunes et $\frac{5}{6}$, large de $\frac{3}{4}$ d'aune, coûte $2^{fr},40$ l'aune. En outre, 3 fils juxtaposés forment une longueur de 1 millimètre.

On demande quel serait, à un demi-centimètre près, le prix d'une pelote composée de 180 mètres de fil de même qualité que celui qui a servi à fabriquer la toile.

L'aune vaut $1^m,20$ et la toile est formée de deux séries de fils, les uns parallèles à la longueur, les autres à la largeur.

CXX. — Département de la Dordogne. (Octobre.)

SCIENCES NATURELLES

Analyse d'un épi de blé au moment de sa floraison.
Description des principales graminées : 1° alimentaires; 2° fourragères; 3° industrielles.
S'attacher aux espèces indigènes et exotiques les plus utiles à l'homme et aux animaux domestiques.

ARITHMÉTIQUE

PROBLÈME. — Un homme possède un champ rectangulaire, dont le grand côté est double du petit et dont la superficie a 4 hectares 99 ares 28 centiares. Il veut l'entourer d'un mur qui coûtera 23 francs le mètre courant.

Pour payer cette dépense, il vend, sans perte ni profit, de la rente 4 $\frac{1}{2}$ %, qui lui avait coûté 92 francs. De combien son revenu est-il diminué par cette opération?

CXXI. — Département des Basses-Pyrénées. (Juillet.)

HISTOIRE NATURELLE

Des racines. — Structure et espèces diverses. — Leur fonction.

ARITHMÉTIQUE

PROBLÈME. — Trois frères, respectivement âgés de 15 ans, 18 ans et 24 ans, se partagent un héritage de telle sorte que leurs parts sont inversement proportionnelles à leurs âges. Le plus jeune emploie la 100ᵉ partie de la somme qu'il a de plus que l'aîné à garnir d'une clôture le tour d'un jardin carré, ayant une superficie de 6320 mètres carrés 25 décimètres carrés; la clôture coûte 0ᶠʳ,90 le mètre courant.

On demande la valeur totale de l'héritage.

CXXII. — Département d'Ille-et-Vilaine. (Octobre.)

CHIMIE

Le soufre et ses principaux acides.

ARITHMÉTIQUE

PROBLÈME. — On a fait enclore d'un mur, ayant 3ᵐ,15 de hauteur et 0ᵐ,32 de largeur, un terrain carré, dont la superficie à l'intérieur de la clôture est de 71 ares 40 centiares et 1 quart de centiare. Le prix du mètre cube de maçonnerie est de 8ᶠʳ,75.

Après avoir obtenu un rabais de 3 % sur le prix de revient de la construction, le propriétaire solde la dépense en donnant 561ᶠʳ,15 plus une somme qui était placée chez un banquier depuis 3 ans à intérêts composés au taux de 5 %.

Quelle était la somme placée?

CXXIII. — Departement du Cantal. (Octobre.)

PHYSIQUE

De l'œil chez l'homme. — Description. — Mécanisme de la vision. — Myopie et presbytisme.

ARITHMÉTIQUE

PROBLÈME. — Un propriétaire possède un champ carré d'une superficie égale à 8 hectares 76 ares 16 centiares. Il fait creuser tout autour et sur ce champ un fossé à pic ayant 1ᵐ,30 de largeur et 1ᵐ,40 de profondeur.

Calculer : 1° le côté du champ avant le creusement du fossé; 2° le côté du champ réduit après le creusement; 3° la surface du champ réduit; 4° la capacité du fossé creusé; 5° le nombre de mètres cubes de terre meuble que l'on retirera de la terre tassée qui remplissait le fossé, le mètre cube de terre tassée donnant 1 mètre cube 350 décimètres cubes de terre meuble; 6° l'exhaussement que subira le terrain enclos par le fossé, si l'on répand uniformément sur ce terrain la terre extraite du fossé.

CXXIV. — Département de l'Isère. (Juillet.)

SCIENCES NATURELLES

La germination.

ARITHMÉTIQUE

PROBLÈME. — Deux substances ont des densités exprimées par $\frac{4}{15}$ et $\frac{11}{10}$. Quels poids faut-il prendre de chacune pour avoir un mélange du poids de 125 kilogrammes avec une densité exprimée par $\frac{5}{6}$?

CXXV. — Département de Seine-et-Oise. (Octobre.)

SCIENCES PHYSIQUES ET NATURELLES

Caractères distinctifs des poissons. — En quoi les cétacés diffèrent-ils des poissons ?

ARITHMÉTIQUE

PROBLÈME. — Un corps solide, dont la densité est 2,17, pèse 525 grammes; on l'attache à un fil et on le suspend au plateau d'une balance. Quel poids faudra-t-il mettre dans l'autre plateau pour maintenir la balance en équilibre : 1° si le corps est plongé dans l'eau; 2° si le corps est plongé dans un liquide dont la densité est 0,79?

PROBLÈME. — Sur une route en ligne droite ABC sont trois courriers, qui la parcourent dans le même sens de A vers C. Ils partent en même temps : le 1er du point A, avec une vitesse de 1m,25 par seconde; le 2e du point B, avec une vitesse de 0m,80; le troisième du point C, avec une vitesse de 1 mètre. Les distances AB et AC sont respectivement 1000 et 1600 mètres. On demande au bout de combien de temps le 1er courrier sera placé entre les autres, à égales distances de ces deux autres.

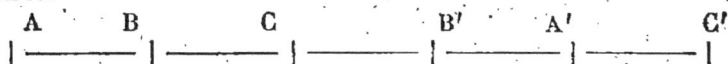

CXXVI. — Département des Basses-Pyrénées. (Octobre.)

PHYSIQUE

Description, théorie et usages du siphon.

ARITHMÉTIQUE

PROBLÈME. — On fond ensemble deux alliages d'or et de cuivre, ce qui donne un lingot d'or au titre des monnaies, représentant une somme de 35 805 francs.

Calculer le titre de chacun de ces deux alliages, en sachant que le poids de l'un est les $\frac{2}{5}$ du poids de l'autre et que la différence de ces titres est 0,105.

CXXVII. — Département de Meurthe-et-Moselle. (Octobre.)

PHYSIQUE

Dilatation des solides, des liquides et des gaz. — Faire connaître les principales applications.

ARITHMÉTIQUE

PROBLÈME. — Deux lingots d'or, l'un au titre de 0,850 et l'autre au titre de 0,920, ont des poids tels que, si on les fond ensemble, on obtient un lingot au titre 0,900 et pesant autant que 1085 pièces de 20 francs. Calculer les poids des deux lingots.

CXXVIII. — Département de la Lozère. (Octobre.)

SCIENCES NATURELLES

Organes de la respiration chez l'homme. — Phènomènes chimiques qui se rapportent à cette fonction.

ARITHMÉTIQUE

PROBLÈME. — On a une somme de 9700 francs, formée de pièces de 10 francs en or et de pièces de 5 francs en argent, le nombre des pièces de 10 francs étant à celui des pièces de 5 francs dans le rapport de 27 à 43. On fond toutes ces pièces en un seul lingot en y ajoutant 271^{gr},63 de cuivre. Trouver combien 1000 parties de cet alliage contiennent de parties d'or, d'argent et de cuivre.

CXXIX. — Département de Seine-et-Oise. (Juillet.)

SCIENCES NATURELLES

Fonction de la respiration et appareil respiratoire chez l'homme.

ARITHMÉTIQUE

1° THÉORIE. — Qu'appelle-t-on rapport de deux nombres?

Après avoir donné la définition du rapport, tirez-en la définition du titre en général.

Appliquez cette dernière définition au cas particulier d'un lingot composé de 18 gr. d'or, 22 gr. d'argent et 10 gr. de cuivre .

2° PROBLÈME. — On fond ensemble une pièce française de 100 francs en or, un souverain, pièce anglaise pesant 7^{gr},988; un poids d'or pur de 28^{gr}, 644 et un poids de cuivre de 6^{gr},11. On obtient ainsi un lingot qui est au titre de $\frac{13}{15}$. Trouver quel était le titre du souverain.

CXXX. — Département de Vaucluse. (Octobre.)

PHYSIQUE

La pompe aspirante et la pompe foulante.

ARITHMÉTIQUE

PROBLÈME. — On place un capital inconnu à un taux inconnu. Ce capital, retiré au bout de 1 an, augmenté de 1000 francs et

---

1. Nous ferons remarquer que cette dernière question est inintelligible.

placé à 1 % de plus, a produit un revenu annuel supérieur de 80 francs au revenu précédent.

Un an après, on retire de nouveau le capital; on y joint 500 francs et on le place de nouveau à 1 % de plus que la 2ᵉ année. Le revenu annuel augmente encore de 70 francs.

Trouver le capital primitif, le 1ᵉʳ taux et les revenus annuels successifs. Vérifier si les diverses conditions du problème sont remplies.

CXXXI. — Département des Deux-Sèvres. (Octobre.)

PHYSIQUE

Lentilles. — Définition. — Leurs propriétés établies expérimentalement.

MATHÉMATIQUES

PROBLÈME. — Un dé à coudre a la forme d'un cylindre surmonté d'un hémisphère. La hauteur du cylindre est triple du rayon de l'hémisphère. Trouver ce rayon, si 2 grammes et demi d'eau pure remplissent le dé.

CXXXII. — Oran. (Juin.)

PHYSIQUE

Décrire une pile. — Constater l'existence d'un courant électrique et son sens. — Applications des électro-aimants.

ARITHMÉTIQUE

PROBLÈME. — On a un lingot en or pesant 1250 grammes, au titre de 0,740. On le fond avec un autre lingot au titre de 0,900 et l'alliage se trouve porté au titre de 0,845. On ajoute l'or nécessaire pour avoir le titre des monnaies (0,900) et on convertit le tout en pièces de 20 francs.

On demande le nombre de pièces qu'on obtiendra ainsi.

CXXXIII. — Département du Gers. (Octobre.)

SCIENCES NATURELLES

Structure, division et rôle des feuilles.

ARITHMÉTIQUE

PROBLÈME. — Une somme d'argent est composée de pièces de 5 francs. On les fond et on ajoute la quantité de cuivre nécessaire pour obtenir un alliage qui puisse servir à la fabrication des pièces de 1 franc. A la suite de cette opération, la somme obtenue se trouve augmentée de 99ʳ,251. On demande quelle était la somme primitive.

CXXXIV. — Département du Tarn. (Juillet.)

SCIENCES PHYSIQUES

De la galvanoplastie. — Son but. — Principe sur lequel elle repose. — Détail des opérations qu'elle comporte.

ARITHMÉTIQUE

PROBLÈME. — On a un lingot d'argent au titre de 0,825. On y ajoute 2000 grammes d'argent pur et on obtient ainsi un lingot au titre de 0,850. On demande quel était le poids du premier lingot.

CXXXV. — Département des Hautes-Pyrénées. (Juillet.)

SCIENCES NATURELLES

Organe de l'ouïe chez l'homme. — Production et propagation du son dans l'air. — Mécanisme de l'audition.

ARITHMÉTIQUE

PROBLÈME. — Un homme a placé à intérêt simple deux sommes, l'une en argent et l'autre en or; la 1ʳᵉ à 6 % et la 2ᵉ à $4\frac{1}{2}$ %. Trouver ces deux sommes, en sachant qu'elles ont le même poids et que la différence de leurs intérêts au bout d'un an est de 2868ʳ,75.

CXXXVI. — Département de la Vendée. (Juillet.)

PHYSIQUE

Lois de la réflexion de la lumière. — Applications aux miroirs plans.

ARITHMÉTIQUE

1° Une fraction dont les deux termes sont premiers entre eux ne peut pas se réduire. Pourquoi?

2° PROBLÈME. — On transforme 7432 pièces de 5 francs en pièces de 1 franc. Le prix du cuivre est de 2ʳ,25 le kilogramme; la main-d'œuvre pour cette transformation revient à $1\frac{1}{4}$ % de la valeur primitive des pièces transformées

Trouver : 1° combien de pièces de 1 franc on pourra fabriquer; 2° combien on aura gagné ou perdu par cette opération?

CXXXVII. — Département du Loiret. (Juillet.)

SCIENCES NATURELLES

Décrire sommairement l'appareil digestif chez l'homme. — Dire comment se produisent la transformation des aliments et l'absorption des aliments assimilables.

ARITHMÉTIQUE

1° Démontrer que si un nombre est divisible séparément par deux nombres premiers entre eux, il est divisible par leur produit. Appliquer à la divisibilité par 36.

2° PROBLÈME. — Un lingot d'or pèse 600 grammes. Si on lui ajoute 20 grammes d'or pur, le nouveau lingot se trouve au titre de 0,910. Calculer le titre du 1er lingot.

CXXXVIII. — Département du Gers. (Juillet.)

PHYSIQUE

Baromètre. — Description et usages.

ARITHMÉTIQUE

PROBLÈME. — Un train allant de Paris à Marseille passe à une gare M à 6h 25m du matin et parcourt 39 kilomètres en 2 heures. Un autre, qui doit suivre la même voie, part de Paris à 7h 12m et fait 97 kilomètres en 3 heures. La distance de Paris à la gare M étant de 24 kilomètres, on demande à quelle heure le 2e train atteindra le 1er et à quelle distance de Paris.

CXXXIX. — Département du Doubs. (Juillet.)

Production d'électricité par influence. Électrophore. — Oxyde de carbone.

ARITHMÉTIQUE

1° Chercher le plus grand commun diviseur des deux nombres 864 et 486. Raisonnement.

2° PROBLÈME. — Partager 10 000 francs entre quatre personnes, de manière que la part de la 1re soit les 0,9 de celle de la 2e, celle de la 2e les 0,8 de la 3e, celle de la 3e les 0,7 de celle de la 4e.

CXL. — Département de la Marne.

SCIENCES NATURELLES

Feuilles. — Structure; forme; disposition sur la tige; fonctions.

ARITHMÉTIQUE

PROBLÈME. — Un particulier partage son capital en trois parties, qui sont entre elles comme les fractions.

$$\frac{2}{3}, \quad \frac{5}{6}, \quad \frac{8}{9}.$$

La 3° est placée à 4 % et produit un intérêt annuel de 2400 francs. Quel est ce capital?

CXLI. — Département du Calvados. (Juillet.)

PHYSIQUE

De l'œil et de la vision. — Différentes espèces de vues. — Besicles ou lunettes.

ARITHMÉTIQUE

PROBLÈME. — Partager 9102 francs en deux parties telles que, ces deux parties, placées la 1re à 3 % pendant 7 mois et la 2e à 4 % pendant 5 mois produisent le même intérêt.

CXLII. — Département de Vaucluse. (Juillet.)

CHIMIE

Le chlore. — Ses propriétés. — Sa préparation dans le laboratoire, dans l'industrie. — Ses usages.

ARITHMÉTIQUE

PROBLÈME. — On a partagé un capital en trois parties telles que le rapport de la 1re à la 2° est égal au rapport de 1 à 3 et que le rapport de la 1re à la 3e est égal au rapport de 1 à 6.

La 1re partie ayant été placée à 4 % pendant 1 an 3 mois, la 2° à 5 % pendant 2 ans, la 3° à 6 % pendant 1 an, tous ces intérêts réunis ont fait une somme de 7 100 francs. Calculer le capital entier et les trois parties.

CXLIII. — Département de la Manche. (Juillet.)

SCIENCES NATURELLES

La feuille. — Sa structure. — Son rôle physiologique.

ARITHMÉTIQUE

PROBLÈME. — Un capitaliste place une partie de sa fortune à 5 % et l'autre partie à 3 %. Il se fait ainsi un revenu de 1810 francs.

Si les placements étaient intervertis, il perdrait 180 francs par an. Quelle est sa fortune ?

CXLIV. — Département des Bouches-du-Rhône. (Juillet.)

CHIMIE

Corps gras. — Leur composition chimique. — Leurs propriétés principales. — Bougies, savons.

ARITHMÉTIQUE

PROBLÈME. — Un banquier escompte trois billets : le 1er de 1100 francs payable dans 163 jours; le 2e de 1082 francs payable dans 68 jours; le 3e de 1075 francs. Il donne la même somme en échange de chacun des trois billets. Trouver le taux de l'escompte et l'échéance du 3e billet.

CXLV. — Département des Alpes-Maritimes. (Juillet.)

HISTOIRE NATURELLE

Organes et phénomènes de la digestion chez l'homme.

MATHÉMATIQUES

PROBLÈME. — 1° On a un terrain rectangulaire dont on peut faire un nombre exact de lots de 150, 120, 180 mètres carrés. La surface totale est inférieure à 20 ares.

Trouver les dimensions de ce terrain, en sachant que sa longueur est double de sa largeur.

2° On a vendu ce terrain et on a placé au taux de $4\frac{1}{2}$ % le prix de vente. Au bout de 2 ans 4 mois, on a retiré, capital et intérêts simples compris, la somme de 23 868 francs. Quel est le prix de vente du mètre carré?

CXLVI. — Département de la Charente-Inférieure. (Juillet.)

SCIENCES NATURELLES

Organe de l'ouïe. — Description. — Perception des sons.

ARITHMÉTIQUE

PROBLÈME. — 1° Un marchand achète 630 hectolitres de blé de trois qualités différentes. Le nombre d'hectolitres de la 1re qualité est les $\frac{3}{4}$ de celui de la 2e et le nombre d'hectolitres de la 3e est la moyenne arithmétique de ceux de la 1re et de la 2e. Combien d'hectolitres de chaque qualité a-t-il acheté?

2° S'il vend l'hectolitre de la 2e qualité 0fr,50 de plus que celui de la 1re et celui de la 3e 0fr,75 de plus que celui de la 2e, il reçoit autant que s'il vendait les 630 hectolitres du mélange au prix unique de 25 francs l'hectolitre.

Quel est le prix de l'hectolitre de la 1re qualité?

CXLVII. — Département de l'Hérault. (Juillet.)

SCIENCES NATURELLES

Du poumon. — Sa structure. — Son rôle chez l'homme et chez les animaux.

ARITHMÉTIQUE.

PROBLÈME. — Un vase est rempli d'un mélange d'eau-de-vie et d'eau distillée pesant 7 kilogrammes.

On demande le poids de l'eau qui remplirait ce vase, en sachant que le mélange contient 4 fois autant d'eau-de-vie que d'eau distillée et que le poids de l'eau-de-vie est à volume égal les $\frac{19}{20}$ du poids de l'eau.

CXLVIII. — Département d'Ille-et-Vilaine. (Juillet.)

CHIMIE

De la chaux et de ses principaux composés. — Leurs propriétés et leurs usages.

MATHÉMATIQUES

PROBLÈME. — Un ouvrier a peint, à raison de 1fr,20 le mètre carré, les surfaces de trois carrés mesurant ensemble 136 mètres carrés 87 décimètres carrés 25 centimètres carrés.

Il a reçu pour l'un des carrés 43fr,20 et la différence de prix pour les deux autres est de 52fr,353. Calculer les côtés des trois carrés.

CXLIX. — Département de l'Indre. (Juillet.)

CHIMIE

Soufre. — Propriétés. — Extraction. — Usages.

MATHÉMATIQUES

Un vase de forme cylindrique plein d'eau pèse 900 grammes; le vase vide pèse un 5e du poids de l'eau qui y est contenue.

Un autre vase cylindrique est placé à côté du 1er et il est tel qu'en y versant l'eau contenue dans le 1er, celle-ci ne s'élève qu'au quart de la hauteur du cylindre. La hauteur commune des deux cylindres est 1 décimètre et demi.

On demande : 1° les volumes des deux cylindres; 2° le rapport des rayons des bases; 3° les valeurs des rayons des bases en millimètres.

CL. — Département des Deux-Sèvres. (Juillet.)

CHIMIE

Phosphore. — Propriétés. — Extraction. — Usages.

MATHÉMATIQUES

PROBLÈME. — Un verre de forme conique, plein d'eau jusqu'au bord, pèse 900 grammes. Le poids du verre vide est un 5e du poids de l'eau.

On demande : 1° la capacité du vase en centilitres; 2° le rayon du cercle formant le bord du verre, la hauteur de ce dernier étant de 10 centimètres.

CLI. — Département de la Savoie. (Juillet.)

PHYSIQUE

Expériences établissant la pression atmosphérique. — Baromètre normal; ses applications.

ARITHMÉTIQUE

PROBLÈME. — Le café vert en grains vaut 3fr,85 le kilogramme; torréfié, il perd un 5e de son poids.

On demande : 1° à combien revient le kilogramme de café torréfié; 2° combien il faudra vendre le kilogramme de ce café pour réaliser un bénéfice de 12 %.

CLII. — Département de l'Ardèche. (Juillet.)

PHYSIQUE

Principe d'Archimède. — Applications.

ARITHMÉTIQUE

Problème. — En fondant ensemble 230 grammes de cuivre et une certaine quantité d'argent au titre de 0,950 on obtient un lingot au titre de 0,885. Quel sera le poids de ce lingot? Combien pourra-t-il donner de pièces d'un franc?

CLIII. — Département du Pas-de-Calais. (Juillet.)

CHIMIE

De l'amidon. — Sa fabrication. — Ses usages.

ARITHMÉTIQUE

On a 800 grammes d'or au titre de 0,750.
Dites : 1° combien on doit retrancher de cuivre pour que cet alliage soit au titre monétaire; 2° combien il faut ajouter d'or pur pour arriver au même résultat; 3° la quantité d'alcool nécessaire pour faire équilibre à la monnaie obtenue dans les deux cas.

La densité de l'alcool est les $\frac{4}{5}$ de celle de l'eau.

CLIV. — Département de Saône-et-Loire. (Juillet.)

PHYSIQUE

Du baromètre et de ses usages.

ARITHMÉTIQUE

Problème. — Le traitement d'une institutrice est tel qu'en dépensant le tiers de ce traitement pour sa nourriture, le tiers du reste pour ses vêtements, et en envoyant les $\frac{2}{5}$ du nouveau reste à ses parents, il lui reste une somme suffisante pour lui assurer, au bout de 2 ans et demi, à intérêts simples et au taux de $4\frac{1}{2}$ %, un intérêt de 78fr,30.

Quel est le traitement de cette institutrice?

CLV. — Département du Cher. (Juillet.)

SCIENCES NATURELLES

Plantes les plus utiles de la famille des légumineuses. — Leurs caractères principaux.

ARITHMÉTIQUE

PROBLÈME. — Une personne a fait quatre parts de son capital. La 1re a été placée à $3\frac{1}{2}$ %; la 2e à $4\frac{1}{3}$ %; la 3e à $4\frac{1}{2}$ %; la 4e à $4\frac{3}{4}$ %. Ces parts sont entre elles comme les fractions :

$$\frac{2}{3}, \quad \frac{3}{5}, \quad \frac{4}{7}, \quad \frac{5}{11}.$$

Elle a retiré 33 115fr,44 au bout de l'année, capital et intérêt réunis. Trouver chaque part et le capital entier.

CLVI. — Département de la Meuse. (Juillet.)

PHYSIQUE

Décrivez les diverses applications que l'on fait dans les arts et l'industrie du phénomène des dilatations et contractions produites dans les corps par la chaleur.

ARITHMÉTIQUE

PROBLÈME. — Un négociant a souscrit trois billets au profit d'un fabricant. Le 1er se montant à 7500 francs est payable dans 5 mois; le 2e se montant à 3450 francs est payable dans 8 mois; le 3e se montant à 5480 francs est payable dans 3 mois.

Il convient avec son créancier de remplacer ces trois billets par un seul à l'échéance de 4 mois. Quelle sera la somme portée sur ce billet, le taux de l'escompte étant de $4\frac{1}{2}$ %? (Escompte rationnel ou en dedans.)

CLVII. — Département de la Loire. (Juillet.)

CHIMIE

Sulfure de carbone.

ARITHMÉTIQUE

1º Donner la définition précise des termes usités dans les règles d'escompte : billet, échéance du billet, escompte du billet, taux de l'escompte, valeur nominale du billet et sa valeur actuelle; escompte commercial ou en dehors, escompte rationnel ou en dedans.

2º Calculer l'escompte d'un billet de 784 francs payable dans 72 jours, le taux de l'escompte étant de 4 %.

Trouver sa valeur actuelle en appliquant les deux méthodes (commerciale et rationnelle).

Pourquoi les deux méthodes donnent-elles des résultats fort peu différents?

CLVIII. — Département de l'Isère. (Juillet.)

PHYSIQUE

Vision.

ARITHMÉTIQUE

PROBLÈME. — Une personne souscrit un billet de 3000 francs payable dans 1 mois et un autre de 2500 francs payable dans 2 mois et demi. Elle veut les remplacer par un billet unique payable dans 2 mois.

Quel est le montant de ce billet unique, le taux de l'escompte étant 6 %?

Résoudre le problème : 1° par l'escompte en dehors; 2° par l'escompte en dedans.

CLIX. — Département de la Haute-Savoie. (Juillet.)

SCIENCES PHYSIQUES

De l'eau. — Sa composition normale. — Ses propriétés. — Caractère des eaux potables. — Moyens de rendre potable de l'eau qui ne l'est pas.

ARITHMÉTIQUE

PROBLÈME. — Au taux de 4,50 % une somme devient au bout de 2 ans 8 mois 6258 francs, capital et intérêts simples compris. Quel était le capital primitif?

Si ce capital avait été placé à intérêts composés, que serait-il devenu?

CLX. — Département de l'Eure. (Juillet.)

SCIENCES NATURELLES

Organe de l'ouïe. — Structure des différentes parties. — Mécanisme de l'audition. — Défectuosités de l'appareil. — Dureté d'oreille; surdité.

ARITHMÉTIQUE

PROBLÈME. — Quelle somme faut-il placer à 5 % au commencement de chaque année pour avoir au bout de 3 ans 1655^{fr},06? On aura égard aux intérêts composés.

CLXI. — Département du Morbihan. (Juillet.)

CHIMIE

De l'acide sulfureux. — Sa préparation. — Ses propriétés. — Ses usages.

ARITHMÉTIQUE

PROBLÈME. — Un négociant voulant acheter une maison se décide à retirer d'entre les mains de ses débiteurs la somme nécessaire pour en payer le montant. En demandant à chacun 1250 francs, il lui manquerait 10 000 francs, tandis qu'il aurait 1200 francs de trop s'il leur demandait 1600 francs.

Trouver le nombre des débiteurs et la somme que le négociant doit demander à chacun.

CLXII. — Département de l'Ain. (Juillet.)

CHIMIE

Alcool. — Boissons fermentées.

ARITHMÉTIQUE

PROBLÈME. — Un homme achète une vigne, un pré et une terre. Le prix du pré est $\frac{2}{3}$ du prix de la vigne moins 119 francs; le prix de la terre surpasse celui de la vigne de 500 francs. Il revend le pré avec un bénéfice égal au 7e de son prix d'achat et la terre avec un bénéfice égal aux $\frac{2}{25}$ de son prix d'achat. Ces deux bénéfices étant égaux, trouver le prix d'achat de la vigne, du pré et de la terre.

CLXIII. — Département des Ardennes. (Juillet.)

PHYSIQUE

Le paratonnerre. — Définition et description. — Théorie. — Sa sphère d'action.

MATHÉMATIQUES

PROBLÈME. — Un bassin contient de l'eau jusqu'au quart de sa hauteur; ses parois sont verticales et il a 2 mètres de long sur 1m,50 de large. On y fait couler pendant 31 minutes un quart l'eau amenée par un robinet, à raison de 6 litres par minute et alors l'eau s'élève au tiers de la hauteur du bassin.

Cela posé, on demande : 1° combien de temps encore on devra

9.

laisser couler l'eau amenée par le robinet pour que le bassin soit complètement rempli ; 2° quelle est en hectolitres la capacité du bassin ; 3° quelle en est la hauteur.

CLXIV. — Département de Lot-et-Garonne. (Juillet.)

SCIENCES PHYSIQUES

· Quels sont les principaux modes d'éclairage employés dans l'économie domestique ?

Mettre en évidence, en partant des données de la physique et de la chimie, les avantages et les inconvénients de chacun.

ARITHMÉTIQUE

PROBLÈME. — Un homme a versé chez un banquier, le 6 avril, une somme dont on doit lui servir les intérêts à $3\frac{1}{2}$ %.

Le 16 août suivant il a reçu en remboursement 4557^{fr},50. Trouver quelle somme avait été versée le 6 avril.

On devra, pour le calcul des intérêts, compter exactement le nombre de jours écoulés depuis le jour du versement jusqu'à celui du remboursement, en n'y comprenant toutefois que l'un de ces deux jours ; mais l'année ne sera évaluée qu'à 360 jours au lieu de 365.

CLXV. — Département de l'Aisne. (Juillet.)

SCIENCES NATURELLES

Famille des rosacées. — Indiquer sommairement leurs caractères botaniques et leur division en tribus. — Faire connaître les principales espèces de chaque tribu, en citant leurs propriétés ou leurs usages.

ARITHMÉTIQUE

PROBLÈME. — Une personne possède deux capitaux qu'elle a placés pendant le même temps, le 1er à $5\frac{1}{2}$ % et le 2° à $6\frac{1}{2}$ %. Le premier a produit 6378^{fr},75. Le 2°, qui surpasse le 1er de 8100 francs, a donné 11 846^{fr},35 d'intérêt.

On demande : 1° le temps pendant lequel ces capitaux ont été placés ; 2° le montant de chacun d'eux.

ASPIRANTS. — EXAMENS A PARIS

CLXVI. — Séance du 24 mai.

CHIMIE

Exposer, avec exemples à l'appui, les lois de l'action des acides sur les sels, des bases sur les sels, des sels sur les sels.

GÉOMÉTRIE

PROBLÈME. — Étant donné un cône dont la hauteur est de 12 décimètres et dont le cercle de base a une longueur de circonférence égale à 40 centimètres, on coupe ce cône suivant une génératrice et on développe sa surface latérale sur un plan. Exprimer en degrés, minutes et secondes l'angle au centre du secteur ainsi obtenu.

On prendra $\pi = 3,14$.

CLXVII. — Séance du 25 juillet.

SCIENCES NATURELLES

Décrire les organes de la circulation chez l'homme.

ARITHMÉTIQUE

PROBLÈME. — Une personne lègue une somme de 102 050 francs, à ses trois petits-enfants, sous la condition que les trois parts, savoir : celle du 1er augmentée des intérêts à 5 % pendant un an, celle du 2e augmentée des intérêts à 4, 70 % pendant un an, celle du 3e augmentée des intérêts à 4, 25 % pendant le même temps, soient inversement proportionnelles aux âges, qui sont : 6 ans, 9 ans et 12 ans.

CLXVIII. — Séance du 14 novembre.

PHYSIQUE

Expériences propres à définir et à démontrer l'état de saturation et le maximum de tension des vapeurs dans le vide et dans l'air.

GÉOMÉTRIE

PROBLÈME. — Un cône droit a pour rayon de sa base 12 centimètres et pour hauteur 42 centimètres. On développe sa surface latérale en surface plane. Quel est en degrés, minutes et secondes l'angle des deux rayons qui limitent le secteur?

On prendra $\pi = 3,14$.

EXAMENS DANS LES DÉPARTEMENTS

CLXIX. — Département de la Sarthe. (Octobre.)

CHIMIE

Le fer. — Son origine; son extraction; ses composés. — Métallurgie du fer.

MATHÉMATIQUES

PROBLÈME 1er. — Les deux aiguilles d'une montre se rencontrent à midi précis. On demande à quelle heure exacte elles se rencontreront de nouveau.

PROBLÈME 2e. — On demande le poids en kilogrammes d'une sphère de plomb, qui aurait 1 mètre de rayon, la densité du plomb étant 11,35.

CLXX. — Département de l'Oise. (Octobre.)

CHIMIE

Du chlore. — Ses composés. — Eau régale. — Propriétés et usage du chlore.

MATHÉMATIQUES

PROBLÈME. — Un cercle a 6m,25 de circonférence. Quel rayon devrait-on donner à un autre cercle, pour qu'il fût double du 1er en surface?

CLXXI. — Département du Loiret. (Octobre.)

CHIMIE

Les sels de chaux.

MATHÉMATIQUES

Étant donnés dans un cercle, dont le centre est O, deux diamètres rectangulaires AC et BD, on décrit du point A pris pour centre avec AB pour rayon, un arc BID et on tire les deux cordes AB et AD. Démontrer que l'aire du croissant, compris entre les deux arcs BID, et BCD, est équivalente à celle du triangle ABD.

CLXXII. — Département de la Haute-Garonne. (Juillet.)

PHYSIQUE

Principaux moyens de produire des courants électriques.

MATHÉMATIQUES

PROBLÈME. — Une feuille de papier carrée a 825 millimètres de côté. On veut la diviser en trois parties équivalentes en traçant deux carrés situés l'un dans l'autre et dont le centre soit celui de la feuille. A quelle distance du bord de la feuille tracera-t-on le côté de chaque carré? Calculer chaque distance à 1 millimètre près.

CLXXIII. — Département du Morbihan. (Octobre.)

CHIMIE

Fermentation alcoolique. — Sucres qui peuvent se dédoubler immédiatement sous l'influence du ferment. — Substances qui, après une première fermentation, sont susceptibles de fermenter. — Nature et rôle du ferment alcoolique. — Boissons fermentées : vin, cidre, bière. — Provenance des alcools du commerce.

MATHÉMATIQUES

PROBLÈME. — Deux capitaux sont entre eux comme les nombres $\frac{2}{7}$ et $\frac{4}{9}$. Ils sont placés, le plus petit pendant 41 mois au taux de $\frac{5}{4}$ de franc % pour un trimestre de l'année, l'autre pendant 33 mois au taux de $\frac{9}{4}$ de franc % par demi-année. L'intérêt produit par le 2e capital a surpassé de 546 francs celui qu'a donné le premier. Quel est le montant de chaque capital?

Avec ces deux capitaux réunis, non compris les intérêts produits, on veut acheter : 1° une maison estimée 24 000 francs; 2° un enclos qui est un hexagone régulier et qui coûtera 100 francs l'are. Trouver quel est le périmètre de cet hexagone, en sachant que les frais d'acquisition du tout ont été prélevés d'abord sur les deux capitaux et qu'ils s'élèvent à $1982^{fr},72$.

CLXXIV. — Département de Saône-et-Loire. (Octobre.)

SCIENCES NATURELLES

La bouche de l'homme. — Description. — Fonctions.

MATHÉMATIQUES

PROBLÈME. — Un vase cylindrique vertical, dont le fond est un cercle horizontal ayant 0m,05 de rayon intérieur, contient de l'eau à 4 degrés pesant 4 kilogrammes. On y plonge une boule sphérique de 0m,05 de rayon et il arrive que l'eau monte exactement au bord du vase. Quelle est la hauteur de celui-ci?

CLXXV. — Département du Puy-de-Dôme. (Octobre.)

PHYSIQUE

Définition et mesure de la hauteur du son. — Gamme et intervalles musicaux. — Dièses et bémols.

(On ne considérera que la gamme majeure.)

MATHÉMATIQUES

PROBLÈME. — Avec une feuille de tôle pesant 44 grammes le décimètre carré, on a fait un tuyau cylindrique de 2m,75 de longueur et pesant 7 kilogrammes 59 grammes 4 décigrammes. Quel est le diamètre de ce tuyau? Quelle est la surface de la feuille de tôle?

OBSERVATION. — On devra supposer, ce qui aurait dû être indiqué, que la feuille de tôle est rectangulaire, que les deux bords opposés ont été joints l'un à l'autre et non superposés, et qu'on ne tient pas compte de la soudure dans le poids donné.

CLXXVI. — Département de la Corrèze. (Octobre.)

SCIENCES NATURELLES

Terrains stratifiés. — Leurs caractères généraux. — Dans quelle circonstances peut-on y obtenir, par le forage, des puits artésiens? — Origines des sources et en particulier des sources intermittentes.

MATHÉMATIQUES

PROBLÈME. — Une boîte cylindrique en fer-blanc pèse 80 grammes et le fer-blanc dont elle est formée pèse 24 grammes par décimètre carré. Le diamètre de cette boîte étant de 5 centimètres, trouver sa profondeur et sa capacité.

OBSERVATION. — L'énoncé de ce problème n'a pas plus de précision que le précédent. Le cylindre étant une boîte, il faut admettre qu'il a un fond; on le considère ici comme sans couvercle.

CLXXVII. — Département des Basses-Pyrénées. (Juillet.)

CHIMIE

Préparation, propriétés et usages de l'acide azotique hydraté.

MATHÉMATIQUES

PROBLÈME. — Calculer les dimensions d'un parallélipipède rectangle, dont le volume est de 13 824 décimètres cubes. La somme de ses trois dimensions est égale à 12m,6 et l'une d'elles est moyenne proportionnelle entre les deux autres.

CLXXVIII. — Département de la Haute-Marne. (Octobre.)

SCIENCES NATURELLES

Moyens de conservation les plus usités : 1° pour les produits d'origine animale; 2° pour les produits d'origine végétale.

MATHÉMATIQUES

PROBLÈME. — Calculer, à moins de 1 millimètre, les dimensions intérieures d'un double litre en étain et d'un litre en fer-blanc. Évaluer en outre la surface intérieure de chacune de ces deux mesures et en donner la formule la plus simple.

EXAMENS POUR LE CERTIFICAT D'ÉTUDES PRIMAIRES SUPÉRIEURES — 1887.

CLXXIX. — PARIS. ASPIRANTES.

SCIENCES NATURELLES

Conservation des matières alimentaires.

ARITHMÉTIQUE

PROBLÈME. — La distance de Paris à Limoges par le chemin de fer d'Orléans est de 400 kilomètres; celle de Paris à Vierzon sur la même ligne est de 200 kilomètres. Un train omnibus part de Paris à 2h 30m du soir et un train express à 7h 40m.

Le 1er train arrive à Vierzon à 8h 37m et le 2e à 10h 56m.

En supposant que chacun conserve toujours la même vitesse, on demande si le train express atteindrait le train omnibus avant Limoges, en quel point de la ligne et à quelle heure.

CLXXX. — PARIS. ASPIRANTS.

SCIENCES NATURELLES

Divers modes de reproduction des végétaux. — Graines, boutures, greffes. — Différents genres de greffes.

ARITHMÉTIQUE.

PROBLÈME. — Des omnibus partent d'une même station sur trois directions différentes. Ceux de la 1re ligne reviennent à leur point de départ au bout de 2h 10m et séjournent 20 minutes à la station ; ceux de la 2e ligne reviennent au bout de 1h 48m et séjournent 12 minutes à la station ; ceux de la 3e ligne reviennent au bout de 1h 36m et séjournent 4 minutes. Cela posé, trois omnibus partent ensemble de la station commune le lundi matin à 7 heures, un dans chaque direction. On demande à quelle heure ils repartiront ensemble de la même station.

CONCOURS D'ADMISSION AUX ÉCOLES NORMALES

DANS L'ANNÉE 1887.

Écoles d'institutrices.

CLXXXI. — Département de la Seine.

1° THÉORIE. — Expliquer la multiplication de deux nombres décimaux sur l'exemple suivant :

$$37,475 \text{ multiplié par } 7,48.$$

2° PROBLÈME. — Un marchand a acheté 175 mètres d'une étoffe au prix de 10fr,50 le mètre. Il en a revendu d'abord $\frac{1}{3}$ au prix de 12fr,60 le mètre, puis $\frac{1}{5}$ au prix de 14 francs et il désire gagner 25 pour 100 sur le prix total de la vente.

1° Combien revendra-t-il le mètre de ce qui lui reste ?

2° Combien pour 100 gagnera-t-il sur le prix d'achat ?

3° Combien pour 100 a-t-il gagné sur le prix d'achat et combien sur le prix de vente dans chacune de ces trois ventes partielles ?

CLXXXII. — Département des Basses-Alpes.

1° THÉORIE. — Multiplier 45,37 par 0,26 et expliquer l'opération.

2° PROBLÈME. — Un marchand a acheté 450 hectolitres de vin au prix de 45 francs l'hectolitre ; il les revend avec un bénéfice de 25 pour 100 sur le prix d'achat. Il place au taux de 4,50 pour 100 le capital résultant de cette vente. Au bout de 8 ans et 5 mois il retire le capital avec les intérêts simples. Quelle somme doit-il toucher?

CLXXXIII. — Département des Basses-Pyrénées.

1° THÉORIE. — Expliquer comment l'unité des mesures de poids dérive du mètre.

2° PROBLÈME. — Un capitaliste, qui a mis des fonds dans une entreprise, reçoit au bout de 5 ans et 2 mois 192 000 francs pour le capital et les intérêts réunis. Le bénéfice étant les $\frac{2}{5}$ du capital, on demande de trouver ces deux sommes et le taux du placement.

CLXXXIV. — Département des Côtes-du-Nord.

1° THÉORIE. — Expliquer la division de $\frac{5}{7}$ par $\frac{9}{13}$ et donner la règle générale.

2° PROBLÈME. — Une personne qui devait 1 200 francs payables au 15 novembre 1886, a voulu régler son compte le 2 septembre de la même année. Elle a donné en payement un billet de 630 francs, payable au 31 décembre suivant, et le reste en argent comptant. Le taux de l'escompte étant 4,50 pour 100, trouver le montant de cet argent comptant.

CLXXXV. — Département de la Vendée.

1° THÉORIE. — Comment additionne-t-on les fractions $\frac{3}{4}, \frac{5}{6}, \frac{7}{8}$?
— Extraire les entiers de la somme.

2° PROBLÈME. — Une ménagère se rendant au marché, achète 3 douzaines d'œufs qu'elle paye à raison de 0ᶠ,55 les 13. Il ne lui reste plus que les $\frac{5}{7}$ de la somme qu'elle avait. Combien de grammes de viande pourra-t-elle acheter avec ce qui lui reste, la viande se vendant au prix de 1ᶠ,35 le kilogramme?

CLXXXVI. — Département de Maine-et-Loire.

1° Théorie. — Multiplier 2748 par 500 et expliquer l'opération.

2° Problème. — On fait tapisser et parqueter une chambre ayant 6 mètres de longueur, 5 mètres de largeur et 3 mètres de hauteur. Le papier est acheté en rouleaux ayant 8 mètres de longueur sur 0m,40 de largeur et coûtant 1fr,75. Le carrelage est payé à raison de 8fr,40 le mètre carré.

Trouver à combien s'élève la dépense, si l'entrepreneur consent à un rabais de 2 pour 100.

CLXXXVII. — Département de la Mayenne.

1° Théorie. — Multiplier $2\frac{3}{7}$ par $\frac{5}{11}$ et raisonner l'opération.

2° Problème. — L'huile d'olive vaut en fabrique 2fr,15 le litre. Les olives rendent environ 12 pour 100 de leur poids d'huile. Trouver combien un fabricant d'huile doit payer l'hectolitre d'olives pour faire un bénéfice de 20 pour 100.

Le litre d'huile pèse 915 grammes et l'hectolitre d'olives 45 kilogrammes 75 décagrammes.

CLXXXVIII. — Département du Loiret.

1° Théorie. — Expliquer la multiplication des fractions ordinaires, en prenant pour exemple

$$\frac{2}{3} \times \frac{3}{4}.$$

2° Problème. — Un marchand a un troupeau de 65 moutons, qui lui coûtent en moyenne 36 francs par tête, et il vend les $\frac{3}{5}$ de son troupeau à raison de 39 francs par mouton. Combien doit-il vendre chacun des moutons restants, s'il veut réaliser un bénéfice de 10 % sur le prix d'achat?

CLXXXIX. — Département de l'Aude.

1° Théorie. — Diviser $\frac{3}{4}$ par 0,25. Expliquer l'opération et énoncer la règle à suivre.

2° PROBLÈME. — Une personne fait placer à chacune des deux fenêtres d'une chambre une paire de petits rideaux de mousseline de 1^m,85 de hauteur et une paire de rideaux de perse de 2^m,70.

Trouver à combien lui revient l'ensemble de ces garnitures de fenêtres, en sachant : 1° que le mètre de perse vaut 3^r,60 et que le mètre de mousseline vaut le cinquième du mètre de perse; 2° que la façon et la pose représentent 25 % du prix d'achat.

CXC. — Département des Ardennes.

1° THÉORIE. — On a répété 125 fois 306. De quel nombre sera augmenté le produit : 1° si l'on ajoute 2 au multiplicateur; 2° si l'on ajoute 5 au multiplicande?
Faire la démonstration.

2° PROBLÈME. — La fortune d'une personne est divisée en deux parties. La 1re, qui équivaut aux $\frac{2}{3}$ de la fortune, rapporte 4^r,75 % par an; la 2e part rapporte 1800 francs. Le revenu annuel de cette personne étant de 6000 francs, on demande : 1° combien la 2e part rapporte pour 100 de sa valeur; 2° quelle est la fortune de cette personne?

CXCI. — Département de l'Aude.

1° THÉORIE. — Que deviennent le quotient et le reste de la division de deux nombres dont l'un n'est pas un multiple de l'autre, quand on multiplie le dividende et le diviseur par un même nombre?

2° PROBLÈME. — Un voyageur a fait 86 kilomètres en chemin de fer, dont une partie en 3e classe et l'autre partie en 2^d classe. Il a déboursé en tout 9^{fr},20; mais dans cette somme entre le prix du transport de ses bagages, qui lui a coûté autant que le tiers de ce qu'il a déboursé pour ses deux billets. Il a payé par kilomètre 0^r,07 en 3e classe et 0^r,09 en 2e classe.

On demande : 1° le prix du transport des bagages; 2° les nombres de kilomètres parcourus en 2e classe et en 3e classe.

CXCII. — Département des Basses-Alpes.

1° THÉORIE. — Le total de deux fractions, dont l'une est trois fois plus grande que l'autre, est $\frac{220}{528}$.

Trouver ces deux fractions; les réduire à leur plus simple expression, si elles sont réductibles; puis les exprimer en décimales à 1 centième près et raisonner les opérations.

2º PROBLÈME. — De combien a-t-on augmenté la valeur nominale de 120 millions de pièces de monnaie en argent au titre de 0,9 en les convertissant par une addition de cuivre en monnaie au titre de 0,835, si les $\frac{2}{5}$ de ces pièces étaient de 2 francs, les $\frac{8}{15}$ de 1 franc et le reste était des pièces de 50 centimes?

Écoles d'instituteurs.

CXCIII. — Département de Seine-et-Oise.

1º THÉORIE. — Définition générale de la division. Expliquer la division de 45 par $\frac{5}{9}$; comparer le quotient obtenu au quotient de 45 divisé par $\frac{9}{5}$, en se basant sur la définition donnée en premier lieu.

2º PROBLÈME. — On fond 258 pièces d'argent de 5 francs, auxquelles l'usure a fait perdre $\frac{1}{600}$ de leur poids, avec un lingot d'argent au titre de 0,750 et pesant 32 hectogrammes.

1º Combien faudra-t-il ajouter de cuivre à l'alliage obtenu pour fabriquer des pièces divisionnaires ?

2º Combien faudrait-il ajouter d'argent pur à ce même alliage, si on voulait fabriquer des pièces de 5 francs?

CXCIV. — Département de la Charente-Inférieure.

1º THÉORIE. — Expliquer la règle à suivre pour réduire plusieurs fractions à leur plus petit dénominateur commun. Prendre pour exemple les fractions :

$$\frac{12}{135}, \frac{34}{648}, \frac{29}{450}.$$

2º PROBLÈME. — Un jardin rectangulaire de 82 mètres de longueur a été acheté pour 3845 francs, à raison de 700 francs l'hectare. On veut l'entourer d'une palissade. Quelle sera la dépense, si la construction de cette palissade coûte 5 francs par mètre linéaire?

CXCV. — Département des Alpes-Maritimes.

1° THÉORIE. — Multiplier 15,08 par 7,08 et justifier la manière de procéder.

2° PROBLÈME. — Le transport du charbon coûte sur un chemin de fer 9 centimes et demi par 1000 kilogrammes et par kilomètre; en outre on paye un droit fixe de 2^{fr},15 par wagon contenant 31 hectolitres 30 litres.

Le chef d'une usine a payé à ce chemin de fer 322 fr. pour le transport de ses charbons de l'année, la distance parcourue étant de 27 kilomètres 8 hectomètres. Trouver combien d'hectolitres, pesant chacun 80 kilogrammes, cette usine consomme dans l'année.

CXCVI. — Département de la Vendée.

1° THÉORIE. — Réduire la fraction $\frac{135}{360}$ à sa plus simple expression. Énoncez les principes sur lesquels vous vous appuyez. Dire de combien elle surpasse la fraction $\frac{3}{13}$.

2° PROBLÈME. — Un bassin à base rectangulaire et à parois verticales a 3 mètres de longueur, 1^m,50 de largeur et 0^m,90 de profondeur. Deux robinets, dont l'un verse 135 litres en $\frac{3}{4}$ d'heure et l'autre 75 litres en 20 minutes, coulent ensemble dans ce bassin pendant 20 minutes. On demande : 1° la hauteur à laquelle l'eau s'élève dans le bassin; 2° le poids de cette eau en quintaux, en supposant qu'elle soit pure.

CXCVII. — Département de Maine-et-Loire.

1° THÉORIE. — Diviser 28,447 par 54,25 et expliquer l'opération.

2° PROBLÈMES. — 1er. Les $\frac{3}{5}$ d'une somme sont placés à 4 % et le reste à 5 %. Au bout de 10 ans, cette somme, capital et intérêts simples compris, est devenue 10 800 francs. Combien a-t-on placé à 4 % et combien à 5 % ?

2ᵉ. — Un propriétaire loue à quatre ménages et au prix total de 360 francs par famille une portion de maison et le quart d'un jardin rectangulaire ayant 41ᵐ,50 de longueur sur 51ᵐ de largeur. Ce jardin est partagé en 4 parties égales par deux allées perpendiculaires aux côtés et ayant chacune 1ᵐ,50 de largeur.

Trouver la surface de chacune des parties du jardin; trouver aussi le prix de location de l'are du terrain, si le loyer du jardin représente le 5ᵉ de celui de la maison.

CXCVIII. — Département de la Mayenne.

1° THÉORIE. — Calculer à 1 centième près le quotient de la division de 8937 par 29, et raisonner l'opération en ce qui concerne la partie décimale de ce quotient.

2° PROBLÈMES. — 1ᵉʳ. La somme de deux nombres est 69 232 ; leur quotient est 15. Trouver ces deux nombres.

2ᵉ. — Pour vider un fût plein de vin, on fait couler à la fois un siphon introduit par la bonde et un robinet placé à la partie inférieure. Le siphon, coulant seul, pourrait vider le tonneau en 10 heures; mais sa grande branche se trouvant trop courte, il cesse de couler après 3 heures 20 minutes. Le tonneau est alors vidé aux 3 quarts. Combien de temps à partir de ce moment durera encore l'opération ?

CXCIX. — Département des Basses-Pyrénées.

1° THÉORIE. — Convertir en fraction décimale la fraction ordinaire $\frac{3}{35}$; expliquer l'opération et indiquer la nature de la fraction décimale obtenue.

2° PROBLÈME. — Un vase ouvert a extérieurement la forme et les dimensions d'un décimètre cube; il est en fer, et les parois ont toutes 6 millimètres d'épaisseur. Ce vase renferme de l'eau, et l'ensemble pèse 2 kilogr. 500 gr. On demande la hauteur de l'eau dans ce vase, la densité du fer étant 7,8.

NOTA. — Nous complétons cette collection de 200 examens, en reproduisant le suivant, du département de l'Aude. Cet examen et celui du département de l'Oise (page 156) marqueront les limites extrêmes du champ dans lequel ont été choisies les épreuves scientifiques pour les aspirants au brevet supérieur.

CC. — Département de l'Aude. (Octobre.)

CHIMIE

Préparation de l'acide carbonique. Ses usages. Son action sur l'organisme. — Sa production et son rôle dans la nature.

GÉOMÉTRIE

PROBLÈME. — Un vase de fer-blanc a extérieurement la forme d'un cylindre droit à bases circulaires, de hauteur h, supportant un tronc de cône droit à bases parallèles, de hauteur $\frac{h}{8}$, surmonté lui-même d'un cylindre droit à bases circulaires de hauteur $\frac{h}{4}$. Les bases communes au cylindre et au tronc coïncident suivant leur contour. Le diamètre intérieur de chaque cylindre égale la moitié de sa hauteur. Le fond du vase est plan, circulaire et parallèle aux bases; son diamètre est $\frac{h}{2}$. Il est soudé à une profondeur telle que la capacité du vase est égale à celle du cylindre inférieur tout entier. Trouver cette profondeur.

Appliquer au cas où la capacité est de 1 litre.

CCI. — Problème de géométrie.

Calcul de la surface du triangle équilatéral et de l'hexagone régulier en fonction du côté.

FIN

Coulommiers. — Imp. P. Brodard et Gallois

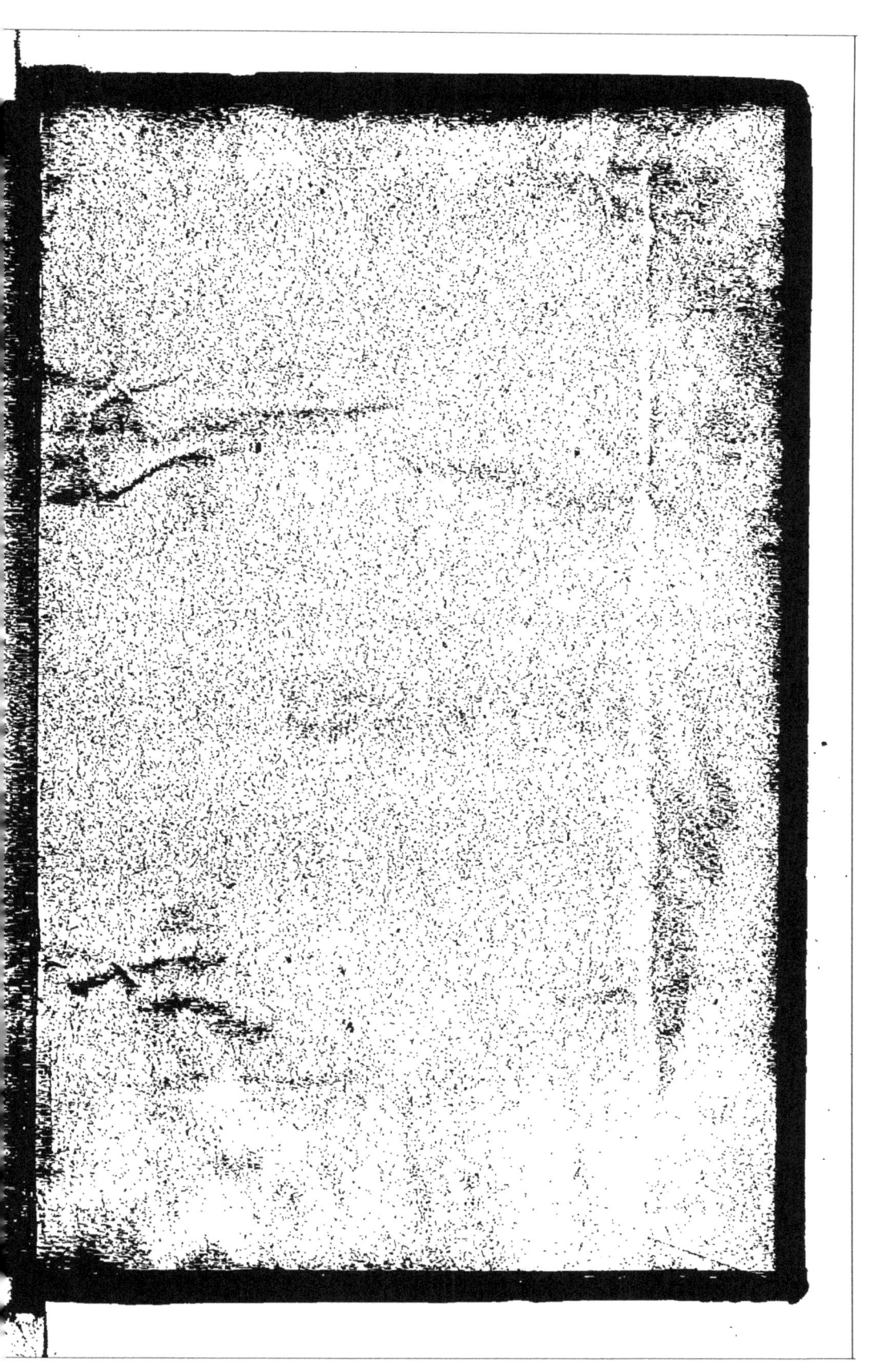

www.ingramcontent.com/pod-product-compliance
Lightning Source LLC
Chambersburg PA
CBHW072051080426

42733CB00010B/2085